햅틱스

Haptics
by Lynette Jones

햅틱스

1판 1쇄 인쇄 2020. 9. 18.
1판 1쇄 발행 2020. 9. 25.

지은이 리넷 존스
옮긴이 경기욱, 최승문

발행인 고세규
편집 이예림 디자인 유상현 마케팅 신일희 홍보 박은경
발행처 김영사
등록 1979년 5월 17일(제406-2003-036호)
주소 경기도 파주시 문발로 197(문발동) 우편번호 10881
전화 마케팅부 031)955-3100, 편집부 031)955-3200 | 팩스 031)955-3111

값은 뒤표지에 있습니다.
ISBN 978-89-349-9010-9 04400
978-89-349-9788-7 (세트)

홈페이지 www.gimmyoung.com 블로그 blog.naver.com/gybook
페이스북 facebook.com/gybooks 이메일 bestbook@gimmyoung.com

좋은 독자가 좋은 책을 만듭니다.
김영사는 독자 여러분의 의견에 항상 귀 기울이고 있습니다.

이 도서의 국립중앙도서관 출판시도서목록(CIP)은 서지정보유통지원시스템 홈페이지
(http://seoji.nl.go.kr)와 국가자료종합목록 구축시스템(http://kolis-net.nl.go.kr)에서
이용하실 수 있습니다.(CIP제어번호 : CIP2020038298)

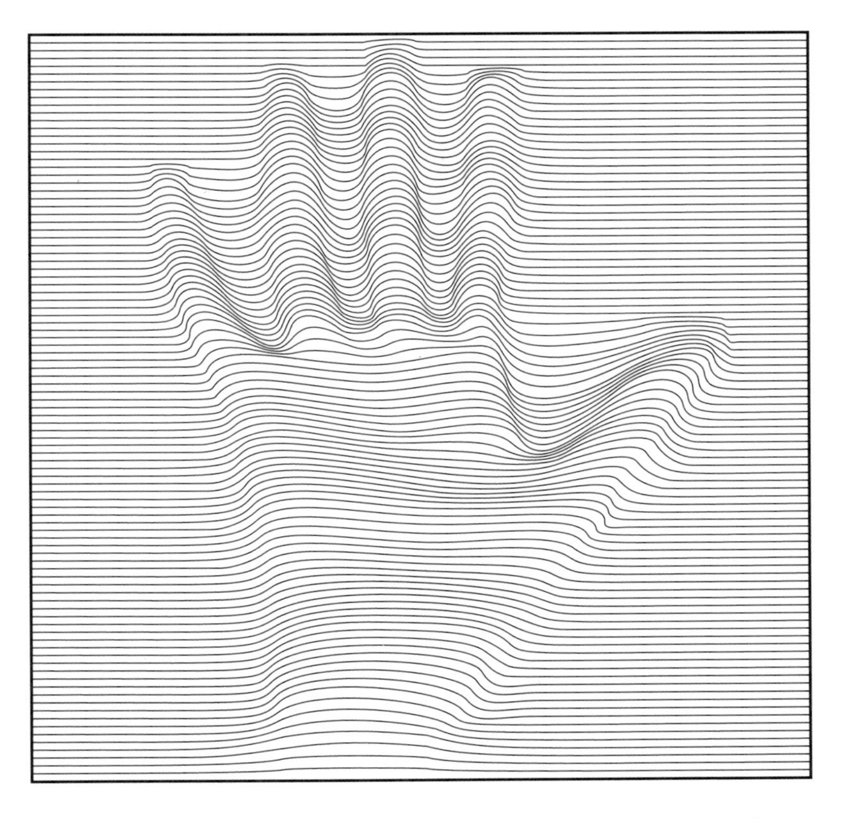

Deep & Basic 4

HAPTICS
햅틱스

리넷 존스 | 경기욱 · 최승문 옮김

김영사

일러두기

권말의 '용어설명'에 있는 말들은 본문에서 고딕체로 표기하였다.

차례

○

옮긴이의 말

정보통신 분야 기술을 선도하고 있는 우리나라는 각종 디스플레이 장치, 가상 및 증강 현실, 웨어러블 기기, 로봇, 자동차 등 다양한 산업 분야에서 햅틱스 기술을 적용하기 위하여 많은 관심과 노력을 기울여왔다. 하지만 햅틱스는 기계공학, 컴퓨터공학, 전자공학, 심리학, 생물학 등 다양한 분야가 융합된 학문이라는 특성 때문에, 관심 있는 분들의 문의가 있을 때마다 적절한 소개서나 자료를 추천하기 어려워 늘 고민이었다.

사람이 촉각을 느끼는 원리부터 인위적으로 재현된 촉각을 사용자가 느끼게 하는 방법까지, 전반적인 내용을 쉽게 알려주는 햅틱스 입문서를 소개하게 되어 무척 기쁘다. 이 책은 햅틱스에 관심 있는 일반 독자뿐 아니라 햅틱스 분야의 연구를 시작하는 연구자들에게도 좋은 지침서가 될 것이다. 다소 이해하기 어려운 용어나 내용은 보완하여 설명하거나 예시를 추가했는

데, 독자들의 이해에 도움이 되기를 바란다. 또한 융합 학문의 특성상 그간 여러 햅틱스 분야 용어들이 정리되지 못한 경우가 많아 일관된 표현으로 번역하고자 노력했다.

햅틱스에 깊은 관심이 있는 독자들을 위해, 이 책에서는 상세히 다루지 않은 다양한 햅틱 디스플레이 기술이나 응용 예시를 포함한 새로운 책도 머지않아 출간되길 기대해본다. 좋은 햅틱스 입문서를 집필해준 전기전자공학자협회IEEE의 햅틱스기술위원회 동료인 리넷 존스 박사께 고마움을 표한다.

2020년 9월

경기욱, 최승문

한국어판 서문

이 책은 일반인을 대상으로 햅틱스에 관한 전반적인 내용을 소개하고자 쓴 것이다. 햅틱스는 능동적으로 촉각적 감지를 하는 과정을 뜻하는데, 피부감각touch과 운동감각kinesthesia, 이 두 감각과 관련이 있다. 운동감각이란 팔다리의 위치나 움직임을 감지하는 감각이다. 촉각을 이용해서 탐색할 때 우리는 주로 손을 이용하기 때문에 햅틱스는 손의 기능을 이해하는 것과 매우 깊은 관련이 있다. 시각이나 청각과 달리 촉각에서는 우리가 물체를 만지는 방식에 따라, 즉 상호작용하는 방법에 따라 얻을 수 있는 정보도 달라지기 때문에 햅틱스는 양방향성 감각이라는 특징이 있다. 물체의 무게를 알기 위해서는 들어 올려보아야 하고, 물체가 딱딱한지 무른지 알기 위해서는 손가락으로 눌러보아야 한다. 즉 알고 싶은 정보에 따라 손을 움직이는 방법도 달라지는 것이다. 예를 들어 감이 잘 익었는지를 확인하려면 손으로 살짝 쥐어보지만, 한복의 질감을 느끼기 위해서는 손가락으로 옷감 위를 문질러보게 된다.

이 책에서는 햅틱스를 여러 관점에서 살펴볼 예정이다. 우선 피부와 근육 감각수용기들의 특성과 피부 자체의 구조를 살펴보는 것부터 시작한다. 또한 두더지나 설치류 같은 종의 동물들이 수염과 독특한 체성부속기관fleshy appendage을 사용하여 촉각적으로 주변을 탐색하는 놀라운 능력에 대해서도 소개할 것이다. 그다음에는 우리 몸의 감각수용기에서 발생된 감각 정보가 햅틱 경험을 유발하게 하는 뇌로 어떻게 전달되는지 살펴볼 것이다. 이러한 과정을 통해 우리는 햅틱 감각이 표면의 질감이나 굳기와 같은 물체의 재료적인 특성을 잘 지각할 수 있게 특화되어 있음을 알 수 있으며, 바로 이 때문에 우리는 물체의 물질적 특징을 판단하고자 할 때 여러 감각 중에서 자연스럽게 햅틱 감각을 선택하게 된다. 이 책의 마지막 장에서는 로봇 제어를 보조하는 것에서부터 시각장애인의 글자 읽기나 길 안내를 돕는 것에 이르기까지 다양한 응용 분야에서 사용되는 촉각 및 햅틱 디스플레이 장치에 대해서 다룰 것이다. 끝으로 로봇 손이나 의수와 같은 장치에서 인공적인 촉감을 생성하는 것과 관련된 여러 도전 과제들을 살펴보면서 결론을 맺는다.

햅틱스는 평면 디스플레이에서 촉각적인 효과를 생성하는 일인 서피스 햅틱스surface haptics부터 가상현실이나 증강현실에서

현실감을 향상하는 것에 이르기까지 여러 기술혁신의 선두에 있다. 이런 시도들이 이루어지는 가운데 특히 한국 공학자들과 과학자들은 햅틱스 기술을 적용하는 새로운 응용분야를 찾고, 새로운 햅틱 디바이스들을 가장 잘 구현할 수 있는 방법을 찾는 데 상당한 기여를 하고 있는 리더 그룹을 형성하고 있다.

1

어떻게 촉각으로 세상을 인식하는가

손가락 끝으로 책상이나 옷감을 문지르면 즉각적으로 그 표면이 거친지 또는 부드러운지 알 수 있다. 심지어 눈으로 보지 않아도 만져보면 그것이 무엇으로 만들어졌는지 알 수 있다. 손으로 접촉하는 것만으로도 익숙한 물체를 빠르고 정확하게 구분해낼 수 있다. 이는 촉각에 의존해서 물체의 물리적 성질을 인지하고 그 물체가 어떤 것인지 정의할 수 있는 능력 때문이다. 특히 손가락을 움직이면서 만지는 **능동적 촉감**active touch에서는 물체를 더욱 민감하게 지각하는데, 이러한 과정을 '햅틱스haptics'(촉각과 연관된 일련의 지각 과정을 일컬을 뿐 아니라 이러한 과정을 연구하는 모든 학문을 총칭하는 용어이기도 하다 – 옮긴이) 또는 '햅틱 감지haptic sensing'라고 한다. '햅틱스'라는 단어의 어원은 '쥘 수 있는' 또는 '지각할 수 있는'이라는 뜻의 그리스어 '합티코스haptikos'이다.

햅틱 감지는 세상을 체험하는 데 매우 중요한 역할을 한다. 예를 들어 책상 위의 유리컵을 들어 올릴 때 힘을 적절하게 조절하도록 촉각 정보를 제공하거나, 어두운 침실에서 전등 스위치를 찾을 수 있게 한다. 이 두 가지 상황 모두 피부와 근육 속에 있는 감각수용기sensory receptor로부터 피드백을 전달받는다. 그래서 유리컵을 쥐고 있는 손가락이 미끄러지거나, 벽을 더듬어도 전등 스위치를 찾지 못할 경우에 우리는 즉각적으로 손의 움직임을 조절하게 된다. 이러한 피드백이 없으면 우리는 움직임이 서툴러지고, 시각에 지나치게 의존해 손을 움직이게 된다. 우리는 어떤 제한이나 간섭이 있기 전까지 능동적 촉감이나 햅틱스가 우리의 일상생활에 얼마나 중요한지를 잘 인지하지 못한다. 손이 너무 차가워서 감각이 마비되거나 더워서 땀이 많이 나면 물체를 다룰 때 훨씬 더 조심하게 되는데, 그 이유는 이때 손으로부터 전달되는 감각 신호가 평소에 경험하는 감각과 다르기 때문이다.

이미 모든 사람들이 촉각에 매우 익숙함에도 불구하고, '햅틱스'라는 단어는 자주 사용되지 않을 뿐 아니라 많은 사람들에게 익숙하지 않다. 햅틱스에는 피부의 접촉을 통해서 느끼는 피부감각touch과 손발의 움직임과 위치를 감지하는 운동감각kinesthesia이라는 두 가지 뜻이 포함되어 있다. 우리는 세상을 탐색하는 데 기본적으로 '손'을 사용하기 때문에 햅틱 감각은 손의 기능과 손을 사용하는 방법과 매우 밀접하게 연관되어 있다. 큰 노력을 들이지 않고도 물체의 색과 모양과 같은 정보를 쉽게 알아내는 시각 시스템visual system과 달리, 촉각의 경우는 물체가 얼마나 부드럽고 거친지 알기 위해서 반드시 손으로 직접 문질러봐야 하고, 물체가 얼마나 단단한지 무른지 알기 위해서는 손가락으로 직접 눌러봐야 한다. 촉각에 대해 연구하던 초창기 연구자들은 능동적 햅틱(손가락을 바닥에 문지르는 것처럼 신체를 움직이면서 촉각 특성을 지각하려는 행동을 능동적 햅틱active haptic, 손을 가만히 대고 있는 것처럼 움직임을 멈춘 상태에서 촉각 특성을 지각하려는 행동을 수동적 햅틱passive haptic으로 구분한다 – 옮긴이) 탐색에 대해서는 큰 관심을 가지지 않았다. 그들이 하는 연구는 주로 피험자가 수동적인 상태에서 피부에 느껴지는 힘이나 진동을 단순히 기록하는 수준의 연구였다.

이 책의 목적은 능동적 촉각 감지의 다양한 측면을 전반적으로 살펴보는 것이다. 외부 환경을 감지하는 피부와 근육 안에 있는 센서들에 대한 내용부터 물체의 재료적 특성과 같은 정보를 처리하는 햅틱 감각에 대한 전문적인 내용까지 포함하여 다룰 것이다. 이러한 정보들은 사람 손의 특징을 모방하여 연구되고 있는 인공 손(의수)이나 로봇 손에서도 꼭 필요한 것들이다. 또한 이 책에서는 시각이나 청각과 같은 감각 모달리티modality

가 소실되었을 때 촉각을 이용하여 보완하는 방법에 대해서도 다룰 것이다. 그리고 최근 매우 인기 있는 가전제품인 평면 디스플레이에 촉각을 발생시킬 수 있는 표면을 구현하기 위해 개발 중인 새로운 기술의 동향도 살펴볼 것이다.

1장은 촉각 시스템의 구성요소, 즉 피부의 전체 구조와 물체와 접촉했을 때 신호를 발생시키는 감각수용기sensory receptor 등을 이해하는 것에 초점을 두고 있다. 이러한 수용기들의 특성을 이해함으로써 우리는 외부 환경이 있는 촉감 인터페이스에서 정보가 처리되는 과정을 알 수 있다.

서론

햅틱스는 피부감각과 운동감각 두 가지 감각에서 통합된 정보를 이용한다. 촉각 신호는 **기계적감각수용기**mechanoreceptor라고 알려진 피부 안에 있는 센서들을 자극하여 발생한다. 운동감각 정보는 근육을 움직이면서 발생하는 힘, 팔다리의 위치와 움직임에 관한 신호를 발생시키는 근육, 인대, 관절 등에 내장된 센서들에서 얻어진다. 운동감각은 **자기수용감각**(고유감각)proprioception과 비슷한 말이어서 흔히 번갈아 사용되기도 하는데, 자기수용감각은 근육, 인대, 관절 등의 감각 정보를 동반할 뿐 아니라 자세나 균형을 제어하는 평형감각도 포함하는 것으로 간주되지만, 종종 좁은 의미로는 운동감각과 같은 뜻으로 쓰인다. 햅틱스와 촉각적 탐색의 가장 필수적인 요소는 손을 능동적으로 움직이는 것인데, 그 이유는 촉각과 관련된 정보가 손을 가만히 대고 있는 수동적인 접촉뿐 아니라 외부 환경을 능동적으로 만지면서 탐지하는 과정에서도 발생하기 때문이다. 복숭아를 고를 때를 예로 들어볼 수 있는데, 우리는 복숭아가 잘 익었는지 확인하기 위해 복숭아를 손으로 살짝 눌러보기도 하고, 얼마나 속이 차 있는지 무게감을 느끼기 위해 복숭아를 손으로 들어보기도 한다. 이 과정을 통해 복숭아가 우리의 손이 닿지 않는 곳에 놓여 있는 상태에서 판별하는 것보다 틀림없이 훨씬 더 많은 정보를 얻을 수 있다. 이런 측면에서 촉각은 시각이나 청각과는 다른 특성을 가지는데, 그것은 바로 '양방향성'이다. 즉 우리가 물체의 특성에 관하여 얻을 수 있는 정보는 그 특성을 감지하는 과정에서 손을 어떻게 움직이느냐와 절묘하게 연관된다. 심지어 우리는 물체를 탐색할 때 종종 물체의 성질을 완전히 바꾸기도 하는데, 예를 들면 잘 익은 딸기에 힘을 너무 세게 가하면 뭉개져서 영구적으로 변형되기도 한다. 이러한 비가역적인, 즉 되돌릴 수 없는 상호작용은 나무를 쳐다본다거나 음악을 듣는다고 해서 나무나 음악이 변하지는 않는 것처럼 시각이나 청각에서는 발생하지 않는다. 감각기관으로서 촉각은 물체 표면의 질감과 같은 재료의 성질을 알아내는 데 매우 효과적이어서, 이러한 종류의 판단이 필요할 때 우리는 촉각을 선택한다. 테이블의 표면에 생긴 흠집이 테이블에 홈이 파인 정도인지 표면 부분에 자국만 생긴 것인지 판단하고자 할 때에도, 우리는 단순히 눈으로 보는 것만이 아니라 손가락을 표면 위에 문질러보면서 흠집의 깊이를 예측한다.

지난 10여 년간, 햅틱스 분야는 공학자나 과학자만의 시야를 넘어 스마트폰, 태블릿, 가상 및 증강현실 시스템과의 상호작용에서 아직은 적용되지 않는 촉각 피드백을 구현하는 데 관심이 있는 많은 사람들에게 전파되어왔다. 여기서의 과제는 가상현실에서도 주변 환경과의 상호작용에 일상적인 물리감을 느끼게 하는 것인데, 예를 들면 피부에서 느껴지는 따뜻하고 부드러운 느낌이나 울퉁불퉁한 길을 운전할 때 느껴지는 진동과 같은 느낌을 재현하는 것이다. 특히 최근에 홀로렌즈HoloLens(마이크로소프트), 기어 VR(삼성전자), 오큘러스 리프트Oculus Rift(페이스북)처럼 매우 정교하고 해상도가 높은 '머리 착용 디스플레이Head Mounted Display, HMD'가 등장하면서 시각적인 상호작용뿐 아니라 물리적 차원의 상호작용에 대한 필요성이 대두되고 있는데, 특히 교육이나 훈련을 목적으로 하는 시스템에서 주로 필요로 한다. 게다가 최근에는 사람들이 터치스크린을 이용해 많은 상호작용을 하고 있기 때문에 이러한 장치의 물리적 표면에 가상의 햅틱 효과를 재현하는 것의 중요성은 점점 더 커지고 있다(이처럼 터치스크린과 연계된 햅틱 효과를 구현하는 분야를 '서피스 햅틱스'라고 부른다). 마침내 최근에는 웨어러블wearable 기술의 발달로 시각과 청각에 걸리는 과부하를 줄여주기 위해 피부를 정보전달의 매개체로 사용하려는 관심이 새롭게 등장하고 있다. 이러한 작업의 초점은 이미 많은 장치에서 단순 경고나 알림의 목적으로 사용되고 있는 간단한 진동 신호보다 정보 전달에서 더 큰 잠재력이 있는 **촉각 디스플레이**tactile display(촉각 디스플레이는 5장에서 상세히 다룬다-옮긴이)의 개발 여부에 맞춰지고 있다. 진동촉감의 패턴vibrotactile pattern에 기반한 정교한 정보전달 장치는 일부 장치에 관련된 기능이 포함되어 있으나, 구체적으로 구현되지 않아서 여전히 개발되어야 할 필요가 있다.

피부의 촉감 시스템

체감body sense과 관련된 감각 모달리티는 종종 **체성감각계**somatosensory system로 표현되지만 정확히 체성감각계는 여러 개의 하위 모달리티submodality들로 구성되어 있다. 사실 피부에서 시작된 감각 정보와 근육이나 관절에서 비롯된 감각 정보 사이에는 큰 차이가 있다. 그러나 그림 1에서 볼 수 있는 것처럼 피부를 통해 인지하는 각각의 네 가지 하위 모달리티들이 있음에도 불구하고 종종 모두 한꺼번에 통칭하여 피부감각cutaneous senses이라고 부른다. 피부를 통해서 느낄 수 있는 감각은 일반적으로 접촉감touch, 온도감temperature, 통증pain, 가려움itch으로 분류하는데, 기분이 좋은, 즉 긍정적인 정서를 전달하는 다섯 번째 하위 모달리티가 있다는 사실이 보고되기도 했다.[1]

접촉감과 온도감은 피부를 통해서 전달되는 여러 정보 중에서 신체 표면에서 발생하는 시간적이고 공간적인 정보들을 구별하는 기능에 중요한 역할을 한다. 예를 들어 촉각과 온도를 느끼는 수용기로부터 전달되는 감각 신호에 기반하여 우리는 주머니 속에 있는 동전을 찾을 수도 있고, 들고 있는 커피잔 속의 커피가 마시기에 아직 뜨거운지 아닌지도 알 수 있다. 반대로 통증과 연계된 수용기는 열, 기계적 또는 화학적 자극에 반응하여 잠재적이거나 실질적인 손상으로부터 피부를 보호해준다. 통증과 관련된 감각은 통각nociception이라 하는데, 체성감각계 중에서 이러한 하위 모달리티를 담당하는 수용기들은 뜨거운 판의 높은 온도 또는 칼의 날카로운 부분 등 피부조직이 손상되는 느낌을 주는 요소를 잘 감지할 수 있게 특성화되어 있다. 통증수용기의 또 다른 종류로는 폴리모달수용기polymodal receptor가 있는데, 이 수용기들은 뾰족한 핀 같은 것으로 찌를 때의 기계적인 자극의 세기뿐만 아니라, 매운 고추의 캡사이신

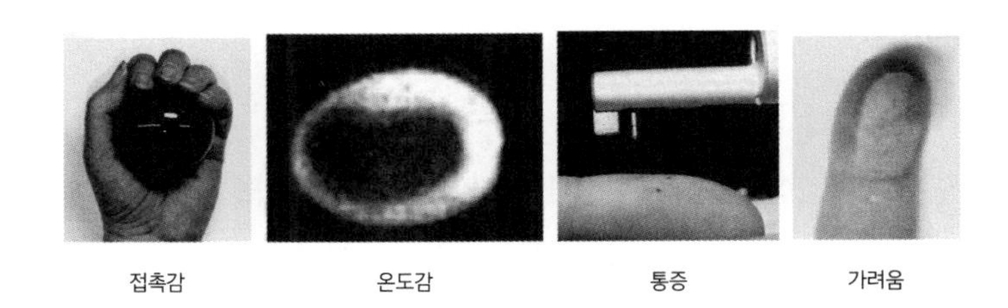

그림 1 피부를 통해 인지하는 네 가지 하위 모달리티.

과 같이 열이나 통증을 일으키는 화학물질에도 반응한다.

마지막 피부감각은 가려움인데, 과거에는 통증을 느끼는 체계의 일부로 생각해왔으나 현재는 피부에서부터 뇌까지 가려움의 정보를 전달하는 과정이 통각과 관련된 정보를 전달하는 경로와는 독립적이라고 보고 통각과 구별되는 하나의 하위 모달리티로 간주하고 있다. 가려움은 스웨터의 털이나 화학적인 자극에 의해 유발되는 일시적인 감각이다. 화학적 자극을 일으키는 물질에는 독성이 있는 담쟁이나 옻나무 같은 곳에서 분비되는 염증성 물질이 포함되는데, 그것들이 피부에 닿으면 소낭(붉게 보이는 점) 속에 맑은 액체가 채워지면서 피부에 두드러기를 만든다. 가려움은 감각신경afferent이나 뇌의 손상에 의해서 유발되기도 한다.

촉감

사람의 촉감은 모든 감각기관 중에 가장 광범위하고 비중 있게 분포된 피부 속에 있는데, 피부의 경우 평균적인 성인의 몸을 1.8제곱미터 넓이로 감싸고 있으며 그 중량도 4킬로그램에 달한다. 피부는 감각기관의 역할뿐 아니라 보호벽의 역할도 하며 체온을 조절하는 데도 관여한다. 피부에는 체온이 과열되는 현상을 막기 위한 200만 개 이상의 땀샘이 분포하고 있으며, 약 500만 개의 체모가 있다.

피부는 두 가지 종류로, 체모가 있는 피부hairy skin와 체모가 없는 피부glabrous skin가 있다. 우리 몸의 대부분을 덮고 있는 피부는 체모가 있는 피부이며, 등과 손등도 여기에 포함된다. 대표적인 체모가 없는 피부는 손바닥과 발바닥이다. 입술과 생식기 일부도 체모가 없는 피부이지만 손바닥과 발바닥의 매끄러운 피부와는 다른데, 예를 들면 입술에는 땀샘이 없고 생식기에는 점막이 있다. 체모가 있는 피부에는 땀을 흡수하여 피부로부터 멀어지게 하여 단열효과를 도와주는 매우 부드럽고 가는 솜털vellus hair과 눈으로도 보이는 길고 굵은 보호털guard hair이 있다.

두 종류의 피부는 모두 전체적으로 동일한 구조를 가지는데, 가장 바깥쪽의 죽어 있는 피부 세포층은 각질층stratum corneum이며 그 하부에 케라틴keratin, 랑게르한스langerhans 세포, 멜라닌 세포 등 몇 가지 종류의 세포를 포함하는 세 가지 하위 피부층이 있다. 각질층을 포함한 이 네 가지 층을 모아서 표피epidermis라고 부른다. 케라틴은 표피를 구성하는 세포의 90퍼센트 이상을 차지하며, 외부에 의한 피부의 손상을 막아주는 장벽의 역할을 한다. 랑게르한스 세포는 감염을 막아줄 뿐 아니라 면역체계의 역할을 일부 수행하며, 멜라닌 세포는 멜라닌 색소를 생산하여 피부의 색깔을 결정하는 역할을 한다. 표피의 아래층은 진피dermis이며, 진피는 땀샘, 혈관, 감각신경 말단과 얽혀 있는 콜라겐 섬유를 포함한다.[2]

손바닥에 있는 체모가 없는 피부는 상대적으로 두꺼움에도 불구하고 물건을 쥘 때 굽힘선flexure lines을 따라 접힐 수 있다는 특징이 있다. 이러한 굽힘선들은 모든 손가락을 한꺼번에 구부리면 손바닥 위에 잘 드러난다. 이 피부는 손가락을 구부릴 때 사용되는 힘줄을 감싸는 부분과 피부의 깊은 층을 서로 연결해주는 섬유질 조직이 매듭지어진 형태로 되어 있어서 손의 움직임이 있을 때에도 상대적으로 위치가 고정될 수 있다. '피부 능선papillary ridge'은 손바닥의 전체 피부에서 다양한 형태로 발견되는데, 고리형, 방추형, 아치형 등 다양한 형태가 나란히 배치된 '지문'도 여기에 포함된다(그림 2 참조). 능선의 패턴과 특징은 성장하면서 크기가 커지는 것 외에는 영구적으로 변하지 않는데, 개인별로 일생에 그 특징이 변하지 않기 때문에 신분 확인

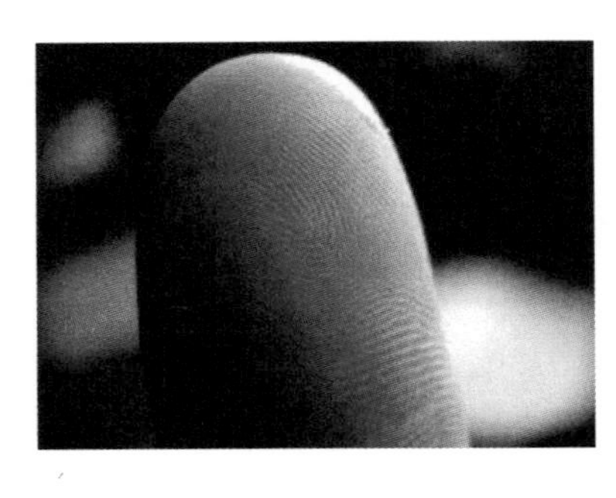

미끄럼 방지
압력신호의 전달 보조
땀샘을 감싸서 피부의 접착력을 생성

그림 2 손가락 끝의 피부 능선의 기능.

이나 법의학 등에서 사용된다. 침팬지, 고릴라, 그리고 놀랍게도 코알라까지 다양한 포유류가 지문을 가지고 있는데, 이는 물건을 손으로 집는 종species에게 지문의 기능이 중요하기 때문일 것이다.

피부 능선은 물체와 접촉하거나 물건을 쥐는 과정에서 몇 가지 매우 중요한 역할을 한다. 첫째, 피부 능선은 타이어의 접지면이나 연장의 홈이 새겨진 손잡이와 유사하게 미끄럼을 방지하는 역할을 하여 물건을 안정적으로 쥘 수 있게 한다. 둘째, 피부에 가해진 압력이나 접촉과 관련된 정보를 피부 능선 바로 아래에 있는 감각수용기의 신경 말단에 전달하는 역할을 한다. 셋째, 피부의 가장 바깥층인 표피에 위치한 에크린샘eccrine sweat glands을 감싸주는 역할을 한다. 땀샘은 물체를 잘 쥘 수 있도록 피부의 습도와 접착력을 유지하는 역할도 한다. 피부에 땀이 나면 피부 능선은 수분을 흡수하여 약간 부풀어 오르게 되고, 이 특징으로 인해 물체를 쥘 때 더 효과적인 접촉점이 형성되는 것으로 알려져 있다.[3] 손바닥의 체모가 없는 피부와는 반대로 손등의 피부는 손바닥의 피부와 고정하는 연결 조직이 부족하기 때문에, 얇고 부드러울 뿐 아니라 유연하다. 손가락을 최대로 구부렸다가 펴는 동안 손등의 피부는 최대 30밀리미터(1인치 이상)까지 늘어날 수 있다.

촉감수용기

피부 표면으로부터의 깊이에 따라 서로 다른 감각수용기들이 존재하고 이들은 피부 표면에서 일어나는 역학적인 현상들에 대한 정보를 중추신경계와 뇌의 체성감각영역으로 제공하는 역할을 한다. 이러한 수용기들에서 전달된 신호를 바탕으로, 우리는 파리가 피부에 언제 앉았는지, 손에 쥐고 있는 컵이 언제 미끄러지기 시작했는지 알아차릴 수 있다. 촉감수용기는 신체 전체에서 발견된다. 체모가 있는 피부와 체모가 없는 피부 모두에서도 발견되며, 표피층뿐 아니라 진피층에도 있다.[4] 하지만 위의 두 가지 유형의 피부에는 차이점이 발견되는데, 피부가 둘러싸고 있는 수용기의 종류나 수용기의 반응을 일으키는 입력신호가 다르다는 것이다. 체모가 없는 매끄러운 피부에는 네 가지 종류의 촉감수용기가 존재하는데, 이를 최초로 발견하고 해석했던 해부학자들의 이름을 따라 명명되었다. 바로 마이스너 소체Meissner's Corpuscle, 파치니 소체Pacinian Corpuscle, 메르켈 세포Merkel Cell, 파치니 말단Paciniform Ending이다. 이름처럼 이 수용기들은 구조적으로 구별되는데, 그 기준은 아래와 같다. 첫째, 수용기에 연결된 신경섬유를 활성화하는 피부 위 자극들의 위치영역 크기와 둘째, 피부에 일정한 깊이의 자극을 가할 때 나타나는 수용기들의 반응이다. 앞에서 언급한 수용기를 활성화하는 피부 위에서의 위치영역을 감수영역receptive field이라 하는데, 영역의 지름의 크기에 따라 타입I(소, 지름 2~8밀리미터), 타입II(대, 지름 10~1,000밀리미터)로 나뉜다. 기계적감각수용기를 분류하는 또 다른 방법은 그들의 동적인 반응을 이용하는 것인데, 보다 정확히는 순응 속도rate of adaptation를 이용한다. 빠른순응수용기fast adapting(FA) mechanoreceptors는 피부에 자극이 능동적으로 가해지는 동안에만 신호를 발생시키고 피부에서의 움직임이 없으면 신호를 발생시키지 않는데, 예를 들어 피부를 누른 상태로 유지하고 있어도 신호를 발생시키지 않는다. 이러한 수용기들은 물체를 쥐려고 할 때 최초로 피부와 물체가 닿는 순간처럼 피부에서 일어나는 아주 작은 움직임을 감지하는 데 매우 중요한 역할을 한다. 반대로 느린순응수용기slow adapting(SA) mechanoreceptors는 피부가 움직이고 있거나 피부를 누르는 자극이 일정하게 지속되어도 모두 반응하는 특징이 있다. 이 수용기들은 모양, 거친 질감, 피부를 따라 움직이는 물체의 방향 등을 지각하는 데 관여한다.

기계적감각수용기의 분포 정도는 신체 부위에 따라 달라지는데, 감수영역이 좁은 기계적감각수용기들은 손가락 끝에 집중되어 있고 손목에서 팔 방향으로 이동하면서 점진적으로 수가 줄어든다. 감수영역이 넓은 기계적감각수용기들은 더 낮은 밀도로 분포되어 있으며, 손에서와 같이 뚜렷한 밀도의 변화는 일어나지 않는다. 다른 종류의 기계적감각수용기들은 피부에 가해지는 서로 다른 종류의 주파수 범위에서 반응하게 된다. 전체적으로 모아보면, 기계적감각수용기들은 0.4~1,000헤르츠의 주파수를 갖는 피부 위의 진동에 반응한다. 느린순응타입I수용기의 경우 0.4~3헤르츠 범위에 있는 낮은 주파수의 진동에 가장 민감하게 반응하는 반면에, 빠른순응타입I수용기는 1.5~100헤르츠 범위에서 반응하며, 빠른순응타입II수용기는 35~1,000헤르츠 범위의 높은 주파수에서 반응한다.[5]

피부 표면에서 기계적감각수용기의 분포 상태와 감수영역의 크기는 피부에서의 위치구별력spatial acuity을 결정한다. 촉감수용기 밀도가 높은 부위인 손가락 끝의 경우에는 손바닥과 같이 촉감수용기 밀도가 낮은 부위보다 기계적 자극에 대해서 훨씬 더 민감하다. 아주 민감한 경우에는, 손가락 끝에서 10마이크로미터 수준의 매우 작은 이동 변위displacement와 10밀리뉴턴(약 1그램에 해당) 수준의 매우 작은 힘이 피부에 가해지더라도 인지할 수 있다. '촉각구별력tactile acuity'의 변화는 촉각을 시각이나 청각과 근본적으로 다르게 만드는 또 하나의 요인인데, 이유인즉 시각이나 청각과 달리 접촉과 관련된 감각은 신체 전체에 퍼져 있기 때문이다. 촉각구별력이란 피부 위를 가로지르는 특정한 촉각 자극을 지각하는 능력을 의미하는데, 동일한 자극이 위치가 다른 곳으로 이동하였을 때 동일한 자극으로 지각하지 않는 것을 의미한다.

우리가 손으로 물체를 만질 때 피부는 기계적으로 자극을 받기 때문에 모든 종류의 기계적감각수용기가 반응한다. 하지만 어떤 촉각적인 기능이냐에 따라서 서로 다른 종류의 촉각수용기가 결정적으로 중요하다. 예를 들면 판자의 모서리, 야구공의 곡면과 같이 공간적으로 미세한 형태를 인지할 때는 손으로 서서히 문지르면서 느끼는 압력 변화와 관련 있으며, 이때는 느린순응타입I수용기가 자극의 시간적이고 공간적인 측면에 대해서 높은 민감도를 갖는다. 반대로 빠른순응타입I수용기의 경우 피부와 물체 사이의 움직임에 대해서 반응하는데, 이러한 특징은 손에서의 미끄러움을 감지하는 데 매우 중요한 역할을 하여 물체를 안정적으로 쥐고 있게 한다.

체모가 있는 피부에는 다섯 가지의 주요한 기계적감각수용기가 있는데, 두 가지는 느린순응타입이며 나머지 세 가지는 빠른순응타입이다. 느린순응수용기로는 메르켈 세포와 루피니 말단ruffini endings이 있으며, 빠른순응수용기로는 머리카락과 연계된 모낭수용기hair-follicle receptor, 필드 개체들, 파치니 소체 등이 있다. 모낭 주변의 수용기들은 솜털과 보호 체모가 개별적으로 휘는 움직임에 반응한다. 수용기 중 한 타입은 체모의 매우 작은 휨을 감지하여 체모가 피부 쪽으로 휘는지 또는 반대 방향으로 휘는지에 따라 다르게 반응할 수 있다. 또 다른 타입의 수용기는 머리카락을 당길 때처럼 체모의 축 방향 움직임에 대해서 민감하게 반응한다. 체모가 있는 피부에는 체모가 없는 피부에는 없는 기계적 자극에 대한 역치threshold가 낮은 수용기가 있는데, 이 수용기들의 신호는 전도성이 느린(수초가 없는unmyelinated) 신경섬유를 통하여 뇌로 전달된다. 이 수용기들과 연결된 신경들은 C-택타일 구심성신경C-tactile(CT) afferent으로 알려져 있다. 이 신경은 피부와 밀착한 상호작용을 하는 동안 천천히 쓰다듬는 것처럼 피부를 가로지르는 느리고 부드러운 자극에 반응한다. 이러한 구심성신경들의 발화율firing rate(신경은 활동전위action potential 이상의 전압에서 발화되어 임펄스impulse(순간적으로 올라갔다가 내려오는 신호)를 발생시키는데, 단위시간당 발생되는 임펄스의 빈도를 발화율이라 한다 – 옮긴이)은 촉감에 대한 사람들의 만족감의 정도와 양陽의 상관관계를 갖는다. 이러한 수용기들의 특성, 가령 앞에서 언급한 느린 전도성 같은 것은 이 수용기들이 빠르게 촉각적으로 구분해야 하거나 인지해야 하는 일에 관여할 가능성이 낮다는 것을 의미한다. 이런 기계적감각수용기들의 또 하나 흥미로운 점은 피부를 쓰다듬는 자극의 온도에 따라 성능이 조절될 수 있다는 것이다. 이 수용기들은 더 차갑거나 더 따뜻한 온도가 아닌 중간 정도의 온도(피부의 온도)에서 천천히 움직이는 자극에 매우 강하게 반응한다. 이 수용기들로부터 얻은 정보는 촉각의 정서적인 호감이나 만족감에 관여한다고 여겨지는데, 그 이유는 이 반응이 사람의 피부 대 피부의 접촉에 의한 만족감을 신호로 발생시키는 데 최적화되어 있는 것으로 보이기 때문이다.[6]

다양한 기계적감각수용기들이 피부에 대한 기계적 자극들에 어떻게 반응하는지 우리가 이해하고 있는 것은 건강한 일반인을 대상으로 한 신경생리학적 연구들 덕분이다. 예를 들어 팔뚝의 정중신경median nerve 속에 있는 독립된 신경섬유의 활성 상태는 초소형 텅스텐 전극을 이용하여 측정한다. 이때 전극은 바늘처럼 피부에 수작업으로 삽입되는데, 피부조직을 뚫고 들어가 작은 신경 다발이 나오면 그것을 찌르면서 연결한다. 신경다발들은 일반적으로 손의 피부에 있는 여러 개의 기계적감각수용기에 연결되어 있는데, 기계적감각수용기가 자극을 받으면

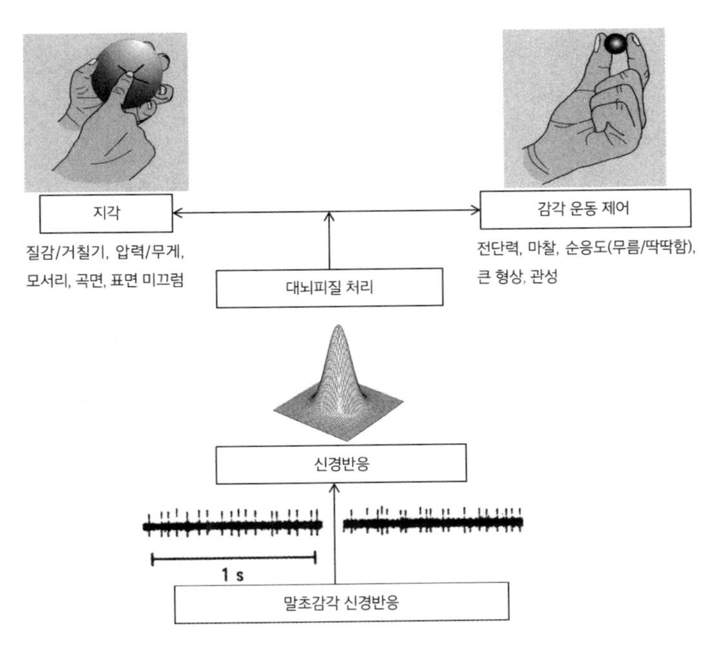

그림 3 손의 촉각 지각 및 감각 운동 제어 모두에 사용되는 구심성신경신호가 피부의 기계적감각수용기에서부터 뇌까지 전달되는 경로(존스Jones와 스미스Smith의 2014년 논문[7], Wiley Periodical, Inc.의 허락을 받아 게재).

신경 다발들은 방전discharge, 즉 신호를 중앙신경계로 보내는 일을 한다. 신경섬유에서 기록되는 방전 현상과 방전 주파수는 수용기가 접촉력과 같은 특정 형태의 자극에 반응했는지 또는 프로브(탐침)probe가 피부를 자극하는 진동수에 반응했는지 알려준다. 기계적감각수용기가 그러한 자극에 반응하는지 여부와 반응의 특성을 기반으로 사람의 촉각 지각을 설명하기 위한 다양한 신경코드 해석방법이 제안되어왔다.[7] 이러한 연구들은 수많은 기계적감각수용기들의 반응과 그것과 연계된 신경 요소, 그리고 지각된 표면의 거칠기나 물체의 모양과 같은 지각적 실체들 사이의 관계를 이해하고자 노력하였다(그림 3 참조).

2

손의 감각과 운동의 특징

이번 장은 운동감각의 기본적인 특성들에 대해서 전반적으로 다룰 것이다. 이러한 특성들은 1장에서 서술된 촉감 감지 능력과 더불어 촉각의 특징들에 대해서 구체적으로 설명해준다. 또한 우리는 설치류나 두더지처럼 주둥이 부위의 수염이나 체성 부속기관(육질 돌기)fleshy appendage(동물의 코나 입 주변에 뼈 없이 육질로만 구성된 돌기 형태로 튀어나온 촉각 기관 – 옮긴이)을 이용하여 촉각적으로 주변을 탐색하는 비영장류의 놀라운 촉각 감지 능력에 대해서도 살펴볼 것이다. 이 동물들이 햅틱 신호를 기반으로 표면과 먹이를 구별하는 속도는 매우 놀라운데, 이것이 가능한 것은 그들에게 피부 표면의 압력과 움직임에 반응하는 수용기 외에도 피부의 온도 변화를 감지하는 센서가 있기 때문이다. 그러한 피부 열감각수용기thermoreceptor의 특성과 피부와 접촉하는 물체의 재료 구성을 식별하는 데 도움을 주는 열감각수용기의 역할도 함께 살펴볼 것이다. 마지막으로, 손의 움직임을 제어하는 촉각 신호의 역할과 함께 손의 구조와 관련된 근육을 설명한다.

운동감각

운동감각 정보는 근방추muscle spindle(골격근에 붙어 있는 감각신경의 말단 기관-옮긴이)라고 하는 근육의 감각수용기에서 생겨나며, 이는 중추신경계에 근육의 길이와 근육 길이의 변화 속도에 대한 정보를 제공한다. 이러한 감각 신호를 통해 팔다리의 운동 방향, 진폭 및 속도와 팔다리의 위치와 관련된 변화를 인식할 수 있다. 피부의 기계적감각수용기는 움직이는 관절 부위에서 나타나는 피부의 늘어나는 정도에 대한 반응을 통해 팔다리의 운동을 지각하는 데 기여한다. 관절이 움직일 때, 예를 들어 집게손가락으로 무언가를 가리킬 때, 관절의 손바닥 측면의 피부는 펴지고 손등 위의 피부는 느슨해지거나 접힌다. 피부의 수축과 이완은 중추신경계에 관절의 위치 신호를 전달하는 느린순응타입의 기계적감각수용기를 통하여 감지된다. 피부수축이완수용기의 민감도는 근방추수용기muscle spindle receptors의 민감도와 유사하다고 밝혀져 있는데, 민감도는 관절 운동 각도당 감각 신경에 기록되는 임펄스의 수로 표현된다.

관절과 관절 주변에 있는 수용기들은 운동감각 자체에는 작은 역할을 하고, 주로 관절 움직임의 한계, 즉 관절을 최대한 안쪽으로 혹은 바깥쪽으로 굽힐 때 발생하는 신호를 감지하는 데 주요한 역할을 한다. 우리는 심지어 눈을 감은 상태에서도 팔다리를 움직일 수 있고 가만히 있을 때에도 팔다리의 각도를 어느 정도 정확하게 맞출 수 있는데, 그럼에도 연구자들은 오랜 시간 동안 운동감각과 관련된 신호들을 잘 알아내지 못했다. 특히 연구자들의 관심을 끈 것은 우리가 의도하지 않은 움직임이 있을 때 발생하는 신호인데, 예를 들면 책상 위에 있는 펜을 집어 들려고 팔을 책상 위로 뻗을 때 중간에 장애물이 생기는 경우이다. 이런 상황들에서 들어오는 감각 피드백 신호는 나가는 신호, 즉 뇌에서 근육으로 원심성efferent 운동 명령을 전달하는 것과는 다르므로 시정 조치corrective action의 절차가 반드시 필요하다.[1]

일반적인 기능에 대응하는 운동감각수용기들의 결정적인 중요성은 한 개인(individual, IW)에 관한 연구에서 큰 주목을 받았다. 갑자기 희귀 신경질환에 걸려서 말초신경의 모든 운동감각과 촉각이 사라지고 목에서부터 발까지 어떤 느낌도 느끼지 못하는 19세 환자의 사례였다. 거의 2년 동안은 신경이 조금도 회복되지 않았는데, 환자가 스스로 걷고, 옷을 입고, 먹는 움직임을 생각하게 하고 실제로 팔다리 움직임이 어떠한지 모니터링하며 움직이는 법을 스스로 터득하게 했다. 그 환자는 이런 방법으로 심지어 30년 동안 잘 움직여왔는데도 불구하고, 여전히 자신의 팔다리가 어디에 있는지 감지하기 위해 눈으로 움직이는 팔다리를 집중해서 봐야 하는데, 그 이유는 말초신경부터 피드백되는 신호의 부족이 지속되고 있다. 이때 그 환자에게는 모든 움직임을 측정하는 신중하고 집중력 있는 과정 없이는 팔다리의 움직임을 제어하거나 세우는 것이 불가능한 일이다. 만약 밤에 전등이 갑자기 꺼진다면 그는 바닥으로 넘어질 것이고 전등이 다시 켜질 때까지 무슨 일이 일어났는지 모를 것이다. 점점 심각해지는 신경의 소실을 보완하는 법을 배우는 이 개인의 주목할 만한 능력과 회복탄력성resilience은 그와 함께 연구했던 신경생리학자에에 의해서 쓰인 두 권의 책에 서술되어 있다. 《자존심과 매일의 마라톤Pride and a Daily Marathon》[2]이라는 책은 환자의 감각 손상 초기와 장애를 극복하는 노력들을 다루고, 초기 이후 최근의 삶에 대한 내용은《촉각의 소실: 몸이 없는 남자Losing Touch: A Man Without His Body》('lose touch'는 중의적인 의미로 '감각을 잃다', '연락이 끊기다'라는 의미가 있다 – 옮긴이)라는 책에서 서술된다.[3] 그는 또한 〈몸을 잃은 남자The Man Who Lost His Body〉라는 BBC 다큐멘터리의 주인공이었다. 이 환자의 기능적인 회복 정도는 그러한 쇠약증을 갖고 있는 사람으로서는 매우 예외적이다. 그의 기능 수준은 팔다리를 움직이기 위해 시각에 전적으로 의존해야 하는 수준인데 이때 엄청나게 큰 인지 부하cognitive load가 필요하므로, 책 제목에 쓰인 것처럼 '매일 마라톤a daily marathon'에 비유될 수 있다.

운동감각은 우리의 팔다리에 위치와 움직임과 관련된 정보를 제공하는 것뿐만 아니라 힘을 지각하는 것에도 관여한다. 자발적으로 움직이는 동안 근육에서 발생되는 힘은 골지건기관Golgi tendon organ이라는 수용기에 의해서 감지되는데, 이 수용기는 근섬유와 힘줄의 콜라겐 섬유collagen strands의 연결 부위에서 주로 발견된다. 힘과 관련된 정보의 추가적인 자료로는 근육을 수축시키기 위해 뇌에서부터 전달되는 운동 명령이 있다. 이러한 명령들의 상관자correlate 또는 복제된 명령들은 근육으로부터 들어오는 정보의 처리를 촉진할 수 있도록 뇌의 감각 영역으로 전달된다. 이러한 운동 명령 상관자는 근육에 의해서 발생된 힘과 관련된 정보들을 감지할 수 있는데, 이때의 상관자는 '동반방출corollary discharge' 또는 원심신경 복제라고 부르며, 이 신호들은 근육으로 보내진 신경 신호의 크기를 반사하는 또 다른 신호이다. 그러므로 힘을 감지할 때 뇌에서 발생하는 피드-포워드feed-forward 경로와 말초신경에서 전달되는 피드백feedback 경로의 신호들이 모두 기여한다.[4] 운동감각의 지각적 요소들에 대한 각각의 정보가 발생되는 곳은 표 2-1에 나열되어 있다.

촉감 시스템에서는 손가락 끝이나 입처럼 기계적감각수용기의 밀도가 더 높을수록 우수한 촉각구별력을 지닌다. 이는 손가락으로 문지르면서 표면의 작은 돌기를 감지하거나 피부 위에서 자극이 가해지고 있는 서로 다른 두 점 사이의 거리를 인지하는 역치가 수용기 밀도가 높은 영역에서 매우 작을 수 있음을 의미한다. 운동감각 시스템에서는 이러한 예가 나타나지는 않는다. 근수용기muscle receptor의 전체 수는 훨씬 적다. 예를 들어 사람의 손에만 17,000개 정도의 피부 기계적감각수용기가 있는데 반해 근방추는 한쪽 팔의 근육에는 약 4,000개, 사람 신체 전체에는 약 25,000~30,000개 정도가 있다. 하지만 근방추수용기의 밀도가 더 높을수록 운동감각 능력이 향상된다는 점은 분명

표 2-1 운동감각 지각의 기저

감각 현상	정보의 발원지
팔다리의 움직임 인지	근방추수용기
	피부 자극의 기계적감각수용기
	관절수용기
팔다리의 위치 인지	근방추수용기
	피부 자극의 기계적감각수용기
	관절수용기
힘의 인지	골지건기관
	동반방출

히 밝혀지지 않았다. 근방추의 밀도는 그 자체의 기능보다는 근육 자체의 크기에 따라 결정되는 것으로 보인다. 사람의 근육에 따라 근방추의 수는 다양한데, 사람의 손등에 위치하고 가운뎃 손가락을 중심으로 손가락을 좌우로 펼칠 때 사용되는 근육인 첫 번째 배측골간근dorsal interosseous에서는 근방추의 수가 34개 정도, 팔꿈치를 구부릴 때 사용되는 상완이두근biceps brachii에서는 320개에 이른다.[5] 만약 근방추의 개수를 성인의 평균 근육의 무게를 기준으로 하여 그램당 수를 보면, 손에서 높은 밀도의 근방추가 발견되고 목에 있는 근육의 심층부에서 가장 높은 밀도를 보이는데, 1그램당 약 500개에 이르는 근방추가 분포하는 것으로 보고된다.

우리가 펜을 쥐는 것처럼 가장 일상적인 행동을 하는 동안에 발생하는 많은 감각 정보와 손의 구조를 살펴보면, 특정 신경 입력이 의미하는 바를 해독하는 것이 무시무시하게 보일 정도이다. 손가락을 움직이는 근육들은 팔뚝과 손 모두에 배치되어 있고, 여러 근육에서 힘줄들은 3개 또는 그 이상의 관절을 가로지르고 있다. 이는 근방추수용기에서 발생되는 신호들이 종종 어떤 관절이 움직였는지 특정 정보를 알려주기보다 도리어 불분명한 경우가 많다는 뜻이다. 이와 유사하게 모호한 현상은 피부의 감각수용기들에서도 발생하는데, 그 이유는 많은 수용기들이 하나 이상의 손가락의 움직임에 반응하기 때문이다. 그러나 중추신경계central nerve system에서는 서로 다른 수용기들에서 발생한 다양한 입력들의 공간적 배열을 이용하여 다양한 관절의 움직임과 위치를 계산해낸다. 이러한 구심성(말단에서 뇌로 전달되는) 정보를 융합하고 처리하는 일은 척수spinal cord 내부와 뇌의 고층부에서 동시에 일어난다.

다른 종에서의 햅틱 감각

우리가 피부의 기계적감각수용기와 햅틱 감각처리에 대해 알고 있는 기본 메커니즘은 대부분 인간과 영장류의 손, 특히 신체에서 가장 민감한 위치 중 하나인 손끝에 대한 연구에서 비롯되었다. 설치류 같은 종의 경우, 촉각 연구의 초점은 입 언저리의 털인 진모vibrissae 또는 수염 시스템에 있다. 진모는 일반적인 털과 달리 더 길고 더 굵으며 뿌리 부분에 혈액으로 가득 채워진 부비동sinus 조직이 들어 있는 큰 모낭이 있다.[6] 설치류는 표면을 더듬기 위해서 주둥이의 양쪽에 있는 약 30개의 수염을 사용하는데, 이때 수염을 앞뒤로 휘젓는 움직임인 위스킹whisking을 활용한다(그림 4 참조). 수염을 움직일 때는 머리와 몸의 움직임과 연동이 되는데, 수염의 접촉을 통해 동물들이 관심 있는 자극의 위치를 특정할 수 있게 한다. 그런 다음 턱과 입술에 있

(A)

(B)

그림 4 (A) 쥐가 주변 환경을 탐색하기 위해 사용하는 수염(미트라 하르트만Mitra Hartmann의 허가, 노스웨스트 대학).

(B) 먹이를 찾고 식별하는 데 사용하는 별코두더지의 육질돌기(게르홀드Gerhold 그 외, 2013).[7]

는 진모와 짧고 구동력이 없는 미세진모를 사용하여 관심 있는 대상을 추가로 탐색할 수 있다. 이러한 위스킹 움직임은 1초에 5~15회에 이를 정도로 매우 빠르다. 수염의 끝부분이나 축 부위가 어떤 표면과 접촉하면, 이 움직임도 변한다. 이러한 움직임의 변화는 접촉이 일어날 때 체성감각영역에서 뇌로 신호를 전달하는 감각수용기에 의해서 감지된다. 이러한 감각 신호에 기반하여, 설치류는 표면의 질감을 100밀리초(0.1초)의 짧은 접촉에도 매우 빠르게 그리고 놀라운 정확도로 알아낼 수 있다.

별코두더지star-nosed mole는 주변을 탐색할 때 촉각을 이용하는 특별한 능력을 가진 동물 중 하나이다(그림 4 참조). 이 동물은 일생을 완전히 어두운 지하에서 보내며 시각 기능은 맹인 수준이다. 콧구멍 한쪽의 바깥 부위에는 약 11쌍의 체성부속기관이 있는데, 여기에는 약 25,000개의 아이머기관Eimer's organ이라고 불리는 수용기들이 있다. 이러한 종류의 수용기는 거의 모든 종류의 두더지에서 발견되지만 실제 그 수는 더 적다. 별코두더지의 별 모양으로 생긴 코는 동물의 세계에서도 매우 독특한데, 먹을 것을 찾기 위해 주변을 뒤지는 동안 끊임없이 움직이는 특징이 있다. 먹이를 채집하는 동안 별 모양의 코는 1초에 10~15회 땅에 닿는다. 별코두더지는 먹잇감을 먹을 수 있는지 없는지 8밀리초 만에 알아내는데, 이는 신경에서 발생할 수 있는 최대 처리속도의 한계 수준이다. 별코두더지는 '먹이를 가장 빨리 먹는 포유류'로서, 크기가 작은 먹이는 무려 120밀리초 만에 식별하고 먹어치운다.[8]

로봇 손 및 의수prosthetic hand에 사용되는 인공 센서 시스템의 설계에는 인간과 다른 동물들이 어떻게 환경을 촉각적으로 감지하는지에 대한 이해가 중요하다(8장 참조). 인간의 감지 능력을 복제하는 것은, 특히 손에서 발견되는 여러 수용기와 피부의 강인성robustness을 고려할 때 풀어야 할 많은 과제를 던져준다. 인간의 손은 액체에 담글 수 있고, 열과 추위를 견뎌내고, 무거운 물체를 잡을 때 상당한 힘을 발생시키며, 피부가 늘어날 때 피부나 피부와 연관된 수용기에 손상을 주지 않으면서 상당한 수준으로 이완시킬 수 있다. 손에 있는 것만큼 강력하고 다양한 인공 센서를 설계하고 제작하는 것은 어려운 공학적 작업이다. 로봇 손에는 피부에서 발견되는 것과 유사한 기능을 하는 센서와 조작 조건에 따라 변화하는 감각 입력에 빠르게 반응할 수 있는 모터가 필요하다.

열 감각

우리가 도구를 쥘 때, 우리는 종종 피부에서 느껴지는 온도 변화(사람은 '온도'를 느끼는 것이 아니라 '온도 변화'를 감지한다 – 옮긴이)로부터 그 물건이 금속으로 만들어졌는지 플라스틱으로 만들어졌는지 구별할 수 있다. 이러한 열 자극은 운전과 같이 시선을 다른 한쪽으로 집중시키고 있을 때나, 어둠 속에서 물체를 구별해야만 하는 상황에 중요하게 활용된다. 피부에서의 온도 변화는 표피와 진피층에 있는 열감각수용기에 의해서 감지되며 온도가 올라갈 때는 온열감각수용기warm thermoreceptor, 내려갈 때는 냉열감각수용기cold thermoreceptor가 반응한다. 이러한 열감각수용기는 피부 자체의 온도가 28도에서 36도까지 변할 수 있음에도 우리의 체온을 0.5도 차이 이내로 일정하게 유지시키는 데 매우 필수적이다. 두 가지 종류의 열감각수용기는 독립적으로 온몸에 분포되어 있으며, 냉열감각수용기의 수가 온열감각수용기보다 더 많다. 피부를 따라 분포하는 냉열감각수용기와 온열감각수용기의 수가 달라져도 모든 신체 부위에서는 따뜻한 느낌보다 차가운 느낌에 더 민감하게 반응한다. 만약에 체온이 43도 이상으로 올라가거나 15도 이하로 내려가면, 피부에 있는 통각수용기pain receptor가 생체조직의 손상온도 정보를 중추신경계로 전달한다.[9] 앞에서 설명한 촉감과 달리, 열 감각에서 손가락 끝은 손에서 가장 열에 민감한 부위가 아니다. 엄지두덩thenar eminence과 손등의 피부가 온도 변화에 더 민감하다. 우리는 이러한 민감도의 차이를 의식적으로 알지 못할 수도 있지만, 흥미롭게도 아이가 열이 있는지 혹은 젖병의 온도가 어떠한지 확인하기 위해서 종종 손등이나 손목 부위를 사용한다.

어떤 화학물질이 피부 위에 닿을 때, 그 화학물질의 온도가 실내온도와 같음에도 불구하고 우리는 그 물질들이 뜨겁거나 차갑다고 느낀다. 예를 들어 박하mint 향의 주성분인 멘톨menthol 화합물은 차갑게 느껴지지만, 캡사이신이 포함된 매운 고추의 경우에는 뜨겁게 느껴진다. 이러한 인지효과는 피부의 감각처리 과정에서 발생하는데, 특히 표피층에 있는 신경 말단이 관여한다. 신경 말단에는 뜨거운 열과 캡사이신에 동시에 반응하는 특정 센서가 발견되었으며, 차가운 물체나 멘톨 같은 물질이 피부에 접촉했을 때 중추신경계로 신호를 전달하는 다른 종류의 신경 말단이 존재하는 것도 확인되었다.[10] 이러한 물질과 관련된 화합물들은 진통 효과를 목적으로 여러 민간요법이나 의사의 처방이 필요 없는 치료에 사용되기도 한다. 예를 들어 캡사이신은 국소 크림에 함유되어 혈류를 자극하고 경미한 근육통을 완화하는 데 사용되는 반면, 멘톨은 피부 표면에 쾌적한 냉감을 주는 데 사용된다.

물체를 쥘 때 발생하는 피부 온도의 변화는 물체의 열적 특성과 피부와 물체의 초기 온도에 따라 달라진다. 일반적으로 피부의 휴지 온도resting temperature는 주변 물체의 온도보다 높은데, 물체와 접촉할 때 피부에서 물체로 열이 흐르면서 피부의 온도가 내려가게 되고 이러한 특성으로 인해 우리는 그 물체가 어떤 물체인지 알 수 있게 된다. 구리 및 스테인리스강과 같이 열전도율이 높고 비열 용량specific heat capacity이 낮은 금속 재료의 열적 특성은, 피부에서 금속 물체로의 열 흐름 속도가 플라스틱이나 고무로 만든 물체와 피부가 접촉할 때보다 더 높다는 것을 의미한다.

열 신호는 물체를 식별하는 데 도움이 될 뿐만 아니라 햅틱 인식에도 영향을 준다. 사람들에게 무게는 같지만 온도가 다른 두 물체의 무거운 정도를 판단해보라 하면, 피부 온도와 온도가 같은 물체보다 온도가 더 낮은 물체를 더 무겁다고 인식한다. 이러한 효과는 상당히 차가운 물체에서도 통하는데, 매우 차갑고 가벼운 물체 10그램의 무게는 피부와 온도가 같은 물체 100그램의 무게와 동일하게 인식된다. 대상 물체를 따뜻하게 하는 것도 피부 온도의 물체보다 무겁게 느껴지게 하지만, 이 영향은 훨씬 미미하며 사람마다 다르다. 이러한 온도-무게 상호작용은 압력에 반응하는 피부에서 온도에 따라 기계적감각수용기의 민감도가 변하기 때문인 것으로 추정된다.

열감각수용기는 축축한 정도나 습도를 지각할 때도 관여하는데, 곤충과 달리 사람에게는 습도수용기hygroreceptor라고 알려진 센서가 없다. 우리는 빗방울이 피부 위로 떨어지거나 손을 액체에 담글 때의 느낌을 알 수 있고 젖은 옷감의 축축한 정도를 인지할 수 있다. 열과 촉각 신호는 이러한 감각을 발생시키기 위해서 서로 융합되기도 한다. 예를 들어 손을 액체에 담그면 액체와 공기의 경계에 해당하는 부분에 피부 주위를 따라 생기는 고리 모양의 압력분포를 인지할 수 있다. 이러한 감각은 열을 느끼는 것과 함께 일어나는데, 피부가 공기에 접촉하는 부분보다 액체와 접촉하는 부분에서 열의 전도가 훨씬 빨리 일어나기 때문에 관련 신호는 열감각수용기에서 발생하게 된다.[11] 옷감의 습도나 축축한 정도를 느끼는 능력의 일부분은 끈적임과 같은 기계적 신호에 기반한다. 이는 손가락을 표면에 가만히 대고 있기보다 천 위로 문지를 때 옷감의 축축함 정도를 더욱 잘 구별하는 능력에 반영된다.

운동 시스템

다른 감각 시스템과 달리, 햅틱 시스템은 환경을 탐색하는 데 사용되는 손의 움직임을 함수로 하는 정보를 사용한다는 점에서 양방향으로 작동한다고 할 수 있다. 그래서 손의 움직임이 어떤 식으로든 제한될 경우, 예를 들어 보호대splint를 착용하여 손가락의 움직임을 제한하거나 장갑을 끼거나 맨손이 아닌 스타일러스stylus와 같은 도구로만 탐사가 허용될 경우에는 정상적인 탐색 조건에 비하여 추출되는 정보가 부족할 수밖에 없다. 그러므로 인간의 손의 구조가 외부를 탐색하는 일에 어떤 영향을 미칠지 생각해보는 것도 흥미로울 것이다.

손가락이 다섯 개인 것을 두고 '원시 포유류의 절대 기반'이라고 하는데, 포유류, 파충류, 양서류, 조류 중 어떤 동물들도 다섯 개 이상의 손가락을 갖지 않는 것을 두고 일컫는 말이다.[12] 인간의 손의 골격을 보면 뼈가 27개인데, 14개가 손가락뼈(지골) phalanges, 5개가 손바닥뼈(중수골)metacarpals, 8개가 손목뼈(수근골)carpals이다. 이 뼈들은 신체에서 가장 흔한 관절 유형인 윤활관절synovial joint을 통해 적어도 하나 이상의 다른 뼈와 관절을 형성한다. 손가락 관절은 경첩관절hinge joint이며, 하나의 운동축을 이용해 굽히기flexion 또는 펴기extension를 허용한다. 반면에 근위지골과 중수골이 있는 손가락 기저부의 관절은 두 개의 운동 축이 있어 2축성관절 또는 타원관절condyloid이라 하는데, 굽히기와 펴기뿐 아니라 손가락들을 가운뎃손가락에서 멀어지게 펼치는 움직임인 외전abduction과 가운뎃손가락으로 모이게 하는 움직임인 내전adduction을 가능하게 한다. 손목을 포함한 사람의 손은 총 21의 자유도degrees of freedom(구조물이나 기구가 움직이거나 변형될 수 있는 독립적인 축/회전 방향의 수를 의미한다-옮긴이)를 가진다. 그러나 새끼손가락을 움직이려 할 때 약지도 약간 움직이는 것을 알 수 있듯이 손가락의 움직임은 완전히 독립적이지는 않다. 인접한 손가락 사이에 손가락을 생체역학적으로 결합하는 연조직이 있고, 여러 손가락에 붙어 있는 일부 근육의 힘줄 사이에 상호작용이 발생하기 때문이다.

기능적인 관점에서 손의 가장 중요한 관절 중 하나는 엄지손가락 아래 쪽에 있는 **안장관절**saddle joint이다. 이 관절은 굽히기와 펼치기, 외전과 내전, 내측회전과 외측회전을 허용하여 엄지손가락의 회전과 손끝으로만 물체와 접촉하는 '정밀 그립precision grip'을 가능하게 한다. 실제로 크기가 작은 물체를 다루거나 탐색하려면 엄지손가락을 다른 손가락에 맞대는 기능이 필수적이다. 진화론적 관점에서 보면, 맞대는 동작이 가능한 엄지손가락 덕분에 영장류가 도구를 만들어 사용하는 것이 크게 가능해졌다. 실제로 많은 고대 원숭이들과 영장류가 맞대는 엄지손가락opposable thumb을 가지고 있지만, 집게손가락 끝과 엄지손가락이 넓은 면적으로 접촉하는 것은 인류의 독특한 특성이다. 실제로 엄지손가락이 부상이나 절단으로 부재할 경우, 손의 기능이 40퍼센트 이상 상실되는 것으로 추정된다. 엄지손가락의 소실은 일상생활에서 매우 중대한 일이기 때문에 엄지발가락을 손에 붙여서 맞대는 기능을 다시 부여하는 재건 수술이 종종 행해지기도 한다.[13] 엄지손가락은 그 기능적 독립성으로 인해 모든 손가락 중에서 가장 전문화되어 있으며, 대부분의 영장류는 어느 정도 엄지손가락의 기능적 독립성을 가지고 있지만, 그중 인간이 엄지손가락의 사용에 가장 숙련되어 있다.

손가락의 움직임을 생성하는 대부분의 근육은 팔뚝에 있으며 팔꿈치 부위에서 손가락에 이르는 긴 힘줄들이 있다. 이들은 외재근extrinsic hand muscle으로 알려져 있다. 손 자체의 작은 근육인 내재근intrinsic muscle도 일부 움직임에 관여한다. 이러한 종류의 근육 중 하나로 벌레근lumbricals이 있는데, 근육이 뼈가 아닌 손의 힘줄에서 유래한다는 점에서 매우 독특하다. 손의 움직임을 제어하는 근육의 수는 29개이지만, 이 근육 중 일부는 힘줄에 따라 별개의 부분으로 나눌 수 있다. 세분화된 근육들까지 계산하면 손의 움직임을 제어하는 근육의 수는 38개로 늘어나는데, 이 숫자는 로봇이나 의수 장치를 이용하여 손의 기능을 복제하는 작업을 고려하는 상황에서는 상당히 놀라운 숫자이다.

감각에 기반한 손의 움직임 조절

피부의 기계적감각수용기에서 전달되는 신호는 촉각 지각에 관여할 뿐만 아니라 물체를 조작할 때 힘의 제어와 조절에 필수적이다(그림 3 참조). 이 과정은 신체 외부의 환경을 지각하는 과정인 '지각행동action for perception'과 손을 이용한 환경과의 상호작용을 제어하는 '행동지각perception of action'으로 나눌 수 있다. 기계적감각수용기로부터 발생된 신호는 손가락 끝의 힘의 크기, 방향, 시간 및 공간적 분포를 부호화하는 역할을 한다. 이것이 중요한 이유는 우리가 어떤 표면을 문지르거나 깨지기 쉬운 물체를 쥘 때 필요한 힘이 최적화되어야 하기 때문이다. 쥐는 힘grip force은 물체의 무게, 피부와 물체 사이의 마찰력의 함수로 조절된다. 이때 우리는 물체가 손에서 미끄러지지 않고 안정되게 잡는 쥐는 힘을 내는 것이 중요하다. 물체를 쥐고 있는 동안 손가락 사이에서 물체가 미끄러지기 시작할 때의 힘과 현재 힘의 차이를 설명하기 위한 용어로 '안전 여유도safety margin'를 사용한다. 만약 안전 여유도가 크다면 물체를 쥐고 있는 손가락의 근육이 피로해질 것이고, 안전 여유도가 너무 작다면 물체가 미끄러져버릴 것이다. 물체가 손가락 사이에서 미끄러지기 시작하면, 우리 몸에서는 70밀리초 이내에 쥐는 힘을 자동으로 증가시켜서 더 안정적으로 물체를 잡을 수 있게 한다. 심지어 손가락 끝의 피부finger pad의 기계적감각수용기가 미끄러짐을 감지해서 중추신경계에 쥐는 힘을 증가시켜야 한다고 전달하고 있어도 사람은 이 전달 과정을 인지하지 못할 정도이다.[14]

촉각 피드백이 없거나 결여되면 쥐는 힘을 적절하게 제어할 수 없어서 물체가 손가락 사이에서 미끄러지기 시작하거나 마찰이 변할 때 힘을 조절할 수 없게 된다. 대개 손가락을 마취할 경우 물체를 잡는 데 사용되는 힘은 정상일 때보다 훨씬 커지고 더 이상 물체의 무게와 피부와 물체 사이의 마찰력을 조절하는 것이 최적화되지 않는다. 또한 일상생활에서 손가락이 매우 차가워져 마비되거나 손에 두꺼운 장갑을 착용해야 할 때, 우리는 손의 움직임을 제어하는 촉각 피드백의 중요성을 잘 알게 된다.

이러한 상황에서는 열쇠를 자물쇠에 끼우거나 책상에서 서류 클립을 집어 올리는 것과 같은 매우 기본적인 기능을 수행하는 데도 어려움을 느끼게 된다.

3

촉각 지각

피부와 근육의 수용기에서 얻은 감각 정보는 뇌로 전달되며, 이 정보는 다양한 피질 영역에서 처리되어 햅틱(촉각) 경험을 일으킨다. 이 장에서는 햅틱 감각이 물질적 특성을 인식할 때 어떤 식으로 특화되었는지를 중점적으로 보고, 그러한 특징에 대한 판단이 이루어져야 할 때 선택되는 감각도 살펴볼 것이다. 여기서 우리는 공간적, 시간적으로 정보를 처리하는 능력인 햅틱 감각의 속성을 시각 및 청각의 속성과 비교할 것이다. 이 비교는 촉각이 능력의capacity 측면에서 중간적인 감각intermediary sense이라는 것을 보여준다. 촉각 지각의 중요한 특징은 외부 세계에 대한 정보를 얻는 방식에 있다. 우리는 물체의 특정한 정보를 추출할 때 사용되는 여러 손 움직임의 중요한 역할들을 살펴볼 것이다. 이러한 움직임을 탐색 절차exploratory procedure라고 하는데, 이 움직임이 관심 있는 속성을 알아내는 데 충분하고 최적화되어 있다는 것을 밝혀줄 것이다.

촉각 지각은 외부 환경에서 부딪히는 물체의 물리적 특성을 감지하므로, 주로 내부보다는 외부의 감각에 초점을 둔다. 손은 외부 세계를 촉각적으로 탐색하는 데 우선적으로 사용되는 구조이기 때문에 햅틱 지각에 대한 연구에서도 주로 손을 연구한다.[1] 이 책에서 이야기하는 햅틱 감지haptic sensing와 촉각 감지tactile sensing는 능동적 촉감active touch인지 수동적 촉감passive touch인지에 따라 나뉜다. 손은 특정한 정보를 얻기 위해 자연스럽게 표면 위를 움직이거나 다른 방식으로 물체를 다루는데, 그때 이 요소가 어떻게 드러나는지 알 수 있다. 예를 들어 자동차의 마감처럼 표면의 거칠기나 미세한 불규칙성과 같은 특성을 인지하는 과정에서는 손가락이 고정된 표면을 가로질러 움직일지(햅틱 감지), 표면이 고정된 손가락을 가로질러 움직일지(촉각 감지) 여부는 중요하지 않다. 이러한 지각 작업의 수행에 중요한 것은 '손가락과 표면 사이의 상대적인 움직임'이기 때문이다.[2] 물체의 무게와 같은 특성의 경우, 손을 움직일 때 인식이 더 잘된다. 예를 들어 손을 뻗은 상태에서 손 위에 물건을 올려놓을 때보다 물건을 들어 올리거나 내릴 때 무게를 훨씬 더 민감하게 판단할 수 있다.[3] 그리고 무게나 표면의 질감과 같은 특성에 대한 판단능력도 피부감각과 운동감각이라는 두 가지 감

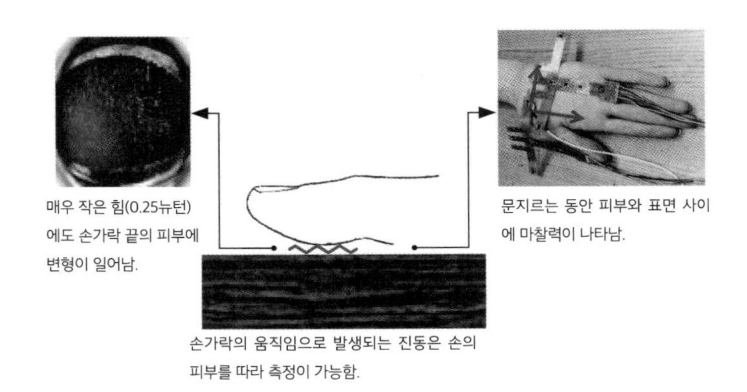

그림 5 손가락과 물체 사이의 상호작용에 관한 도식. 작은 접촉력에도 상당한 수준으로 손가락 끝의 피부가 압축되고 손가락을 가로지르는 움직임에 따라 마찰력이 생성되어 피부의 표면을 따라 진행되는 미세한 진동을 발생시킨다.

각 모두에 크게 의존한다.

사람들은 일반적으로 접촉한 지 몇 초 안에 물건을 쉽게 식별할 수 있다. 예를 들어 지우개를 집어 올리는 일은 표면 질감이나 순응도(딱딱함/무름 정도) 같은 재료적 특성을 느끼기 쉽게 할 뿐 아니라 물체를 인식하는 과정에도 중요한 역할을 한다. 눈을 감고도 손 안에 있는 물체가 골프공인지 계란인지 판단하는 것이 얼마나 쉬운지 생각해보자. 모양 또는 부피와 같은 물체의 기하학적 특성은 일반적으로 모양의 윤곽을 따라 결정되므로 이러한 속성을 인식하려면 시간에 따라 느껴지는 햅틱 정보를 통합하는 과정이 필요하다. 따라서 햅틱 시스템은 기하학적 특성보다 물체의 재료적 특성을 처리하는 데 훨씬 더 빠르다.

손가락과 물체 표면 사이의 상호작용을 기본 요소들로 세분화해보면 놀랍도록 복잡하다. 손가락에 압력이 가해지면 손가락 끝의 피부는 평평해지고 압축되면서 피부의 측면 움직임이 발생한다. 능선이 있는 손가락 끝 표면의 형상은 이러한 상호작용에 영향을 미치며, 피부와 표면 사이의 마찰력은 손가락이 물체 표면을 스캔할 때 생성되는 피부의 움직임에 영향을 준다. 끝으로, 손가락이 표면 위를 움직이면서 작고 복잡한 진동이 발생하여 피부 표면을 가로지르며 진행파traveling wave로 전달되고, 이는 피부에 있는 모든 유형의 기계적감각수용기에 의해 감지된다. 이 복잡한 과정의 요소가 그림 5에 나와 있다. 정리하자면 햅틱 지각 경험의 기반이 되는 이러한 상호작용은 우리가 대상에 대해 다양한 정보를 인식할 수 있게 한다.

촉각, 시각 그리고 청각

시각과 청각은 세상과의 상호작용에 주로 개입하는 감각이므로, 우리는 주로 시각과 청각이 우리 존재에 필수라고 생각한다. 그러나 2장에서 언급된 압도적인 감각 손상을 입은 환자 사례에서 알 수 있듯이, 촉감과 운동감각이 없으면 우리의 일상적인 상호작용은 크게 제한된다. 촉각 정보의 양이 시각이나 청각을 통해 처리할 수 있는 정보의 양보다 적다는 점에서, 촉각은 다른 두 감각보다 대역폭bandwidth이 훨씬 낮다고 간주된다. 또한 촉감 모달리티는 가장 먼저 발달되는 감각 시스템(배아는 임신 8주 차에 촉각 자극에 대한 민감도가 발달된다)이므로 시각이나 청각보다 '원시적primitive'일 수 있다고 알려져 왔다. 감각 시스템들 사이의 이러한 차이를 포착하기 위해 수많은 측정 방법들이 사용되었는데, 그 결과들은 여러 가지 측면에서 촉각이 중간적인 감각이라는 것을 보여준다.

감각 시스템은 종종 공간 분해능spital resolution과 시간 분해능temporal resolution 측면에서 비교된다. 공간 분해능은 감지될 수 있는 자극들 사이의 공간적인 떨어짐을 말하는데, 예를 들어 두 개의 프로브가 가해질 때 피부에서 이들을 구별되는 두 점으로 인식할 수 있는 가장 근접한 정도를 의미하는 '2점 역치two-point threshold'로 알려진 정량적인 지표가 있다. 우리는 손가락 끝에서 1밀리미터 떨어진 거리를 구분할 수 있는데, 이 수치는 세 가지 감각 중에 가장 뛰어난 시각 위치구별력 다음의 수준으로, 촉각 분해능은 시각과 청각의 사이에 위치한다. 위치구별력은 감지할 수 있는 대상의 크기에 따라 측정할 수 있다. 예를 들어 손가락 끝에서 피부 위를 가로지르는 움직임이 없는 경우 표면의 0.2밀리미터 크기의 돌기를 감지할 수 있지만, 손가락과 표면 사이에 움직임이 있는 경우에는 13나노미터(1미터의 10억분의 13) 크기의 아주 미세한 특성도 감지할 수 있다.[4] 후자의 숫자는 사람의 촉각 지각능력이 나노 크기의 수준까지 감지할 수 있음을 의미한다. 시간 분해능은 서로 다른 두 개의 펄스pulse(맥박과 같이 짧은 시간 동안에 발생하는 진동 현상-옮긴이)가 피부로 전달될 때, 연속적이라고 느끼지만 동시에 발생하고 있다고는 느끼지 않는 두 펄스 간의 최소 시간 차이를 의미한다. 예를 들면 촉각의 경우 두 펄스를 구별할 수 있는 최소 시간 차이는 5밀리초이며, 시각의 25밀리초보다는 더 빠르고 청각의 0.01밀리초 보다는 더 느리다. 그러므로 촉각의 공간 분해능은 시각보다 부족하지만 청각보다는 낫고, 시간 분해능은 시각보다 낫고 청각보다는 부족한 중간 정도의 감각 시스템이다.

감각 시스템들을 비교하기 위하여 가끔 또 다른 척도를 사용하기도 하는데, 1초당 처리되는 정보의 비트 수를 이용하여 정보처리 용량을 살펴보는 것이다. 손가락 끝은 우리 몸에서 가장 정확한 촉각구별력을 갖는 부위여서 손가락 끝의 정보처리 용량은 귀와 눈의 정보처리 용량들과 비교되어왔다. 눈이 가장 효과적인데, 1초당 약 100만 비트를 처리하며, 귀는 1초당 1만 비트, 마지막으로 손가락은 1초당 100비트를 처리한다.[5] 분명히 이러한 비교를 할 때, 감각 모달리티마다 여러 다른 종류의 자극과 작업들을 고려해야 하지만, 이 순위 자체는 신호처리과정이 느리다는 촉감/햅틱 감각의 특징을 잘 반영한다.

촉각 민감도와 정확도

피부에서의 위치구별력이나 정확도를 측정할 때는 앞에서 언급한 2점 역치를 활용할 수 있다. 2점 역치에는 수직 대 수평의 모양을 지닌 격자무늬grating에서 지각할 수 있는 가장 작은 방위각(방향)orientation 차이, 위치국부화point localization로 알려진 서로 다르다고 느끼는 두 자극 간의 최소 거리 등이 있다.

격자무늬의 경우, 방위각을 인식할 수 있는 가장 작은 홈(파인선)groove 또는 융선(솟은선)ridge의 폭으로 역치가 정의되는데, 손끝에서의 최소 폭은 약 1밀리미터이다. 촉각구별력을 측정하는 다른 방법은 피부에 자극되어 지각할 수 있는 최소 압력 수준이나 매끄러운 표면에서 감지할 수 있는 가장 작은 형상을 측정하는 것이다. 압력에 대한 민감도는 피부를 누르면서indenting the skin 측정하는데, 이때 낚시줄과 비슷한 나일론 단일 필라멘트를 이용한다. 필라멘트가 수직 방향으로 휠 때까지, 즉 버클링buckling이 일어날 때까지 필라멘트의 굵기를 바꾸면서 피부를 누르는데, 이때 피험자에게 압력이 느껴지는지를 물어본다. 필라멘트의 지름이 작으면 작을수록 휘는 힘은 더 작아진다. 촉각적인 압력에 대한 민감도는 얼굴이 가장 높은데, 특히 입 주변이 가장 민감하며 몸통, 팔, 손의 순으로 낮아지고 다리와 발이 가장 낮다. 성별에 따라 압력에 대한 역치를 살펴보면 평균적으로 여성이 남성보다 더 낮은 역치, 즉 더 높은 민감도를 보인다. 하지만 이러한 성별 간의 차이는 남성과 여성의 손가락의 크기가 다르다는 점이 반영될 결과일 가능성도 있다. 예를 들어 격자무늬의 방향과 관련된 실험으로 측정한 위치구별력에서 성별의 차이를 보여주는 가장 결정적인 변수는 손가락의 크기였다. 손가락의 크기가 작을수록 더 좋은 공간지각력을 보이는데 아마도 표피의 땀구멍 주변에 모이는 특성을 지닌 메르켈 세포의 밀도가 더 높아지기 때문인 것으로 보인다. 이러한 느린순응타입I의 신경 요소들과 연계되어 있는 기계적감각수용기의 밀도는 촉각적인 위치구별력과 직접적으로 연관되어 있다. 여성이 남성보다 평균적으로 손이 더 작고 더 섬세한 위치구별력을 갖지만, 만약 여성의 손가락 크기가 남성과 비슷하다면 평균적인 위치구별력도 비슷할 것으로 예상된다.[6]

민감도에 관해서는 사람들이 역치값보다 훨씬 높은 힘이나 압력의 변화를 어떻게 인식하는지도 고려해볼 수 있다. 예를 들어 만약 내가 매우 잘 지각할 수 있는 4뉴턴의 힘으로 당신의 손가락 끝을 누른다면, 당신이 차이를 인식하기 전에 그 힘은 얼마나 변해야 할까? 더 구체적으로 예를 들어서 사과를 양손에 들고 있는 경우 이 사과들을 서로 다른 무게로 인식하기 위해 무게가 얼마나 달라야 하는지 알고 싶다고 해보자. 필요한 힘과 무게의 변화는 약 6퍼센트로, 무게가 213그램(7.5온스)이나 241그램(8.5온스)인 사과는 무게가 227그램(8온스)인 사과와는 (무게가 6퍼센트 이상 차이가 나므로) 다르다고 인식된다. 이 차이를 **'차이 역치**differential threshold'라고 하는데 때로는 **'최소식별차**just noticeable difference, JND' 또는 **'베버 상수**Weber Fraction'라고 한다. 이 값은 폭넓은 영역에서 감각의 특성을 계산할 때 사용하는데, 이는 단위가 없는dimensionless 척도이기 때문에 서로 다른 감각들의 민감도를 비교하는 데 활용할 수 있다.[1]

시간에 따른 피부 압력의 변동을 '촉각 진동'이라고 한다. 진동 움직임에 대한 피부의 민감도는 진동 주파수의 함수로 측정되어왔다. 우리는 피부에 수직으로 전달되는 약 0.5헤르츠에서 최대 700헤르츠 범위의 진동을 감지할 수 있지만, 이 전체 주파수 범위에서 피부의 변위에 대한 민감도가 동일한 것은 아니다. 사람은 200에서 300헤르츠 사이의 진동에 가장 민감하고, 이보다 더 낮거나 더 높은 주파수에서는 점차 덜 민감해진다. 따라서 진동 주파수와 피부 변위 간의 관계는 U자형의 역치값 함수로 나타난다(민감도가 높을수록 역치값은 작아지기 때문이다 – 옮긴이). 1장에서 설명한 체모가 없는 피부에서 발견되는 네 가지 유형의 피부 기계적감각수용기는 이 주파수 범위 내에서 각각 서로 다른 진동 주파수에 민감하다. 진동의 역치값 수준은 지각할 수 있는 역치값을 결정하는 특정 진동 주파수의 범위에 가장 민감한 기계적감각수용기의 유형에 따라 정해진다. 200~300헤르츠 사이의 매우 작은 크기의 진동까지 감지하는 사람의 능력은 50헤르츠 이상의 작은 진동에 민감하게 반응하는 빠른순응타입Ⅱ수용기 때문이다. 반면 빠른순응타입Ⅰ수용기는 25~40헤르츠 사이의 진동에 반응한다.[7] 이러한 역치값보다 훨씬 강한 진동의 경우, 하나 이상의 기계적감각수용기가 피부의 움직임에 대해 전형적인 형태로 반응한다.

물체의 물성을 지각하기

촉각적 탐색으로 우리는 물체의 기하학적 특성과 재료적 특성을 모두 지각할 수 있다. 기하학적 특성은 크기, 모양, 방향 및 곡률과 같은 특성을 말하지만 재료적 특성은 표면 질감, 열 특성 및 경도hardness와 같은 특성을 포함한다. 손에 들어맞는 물건의 크기와 모양은 손으로 물건을 둘러쌀 수 있기 때문에 피부의 눌리는 정도와 손가락의 자태pose를 기준으로 지각할 수 있다. 모양을 알아내기 위해 손을 이용하여 순차적으로 탐색해야 하는 더 큰 물체의 경우, 운동감각 신호도 물체를 인식하는 데 기여한다. 물체의 모양과 크기에 대한 지각이나 이미지가 시간이 지남에 따라 형성되는 이러한 촉각적 탐색의 순차적 특성은 (중간 과정의 모양을 기억해야 하므로) 모양이 시각적으로 인식되어 물체의 전체 모습이 보일 때는 필요 없던 메모리 프로세스에 부하를 준다. 감각처리의 이러한 시간적인 측면은 기하학적 특성에 대한 햅틱 지각haptic perception의 한계 중 하나이다. 또한 기하학적 특성을 햅틱적으로 지각하는 과정에서 어떤 경우는 다수의 편향된 것들이 지각에 체계적으로 영향을 미쳐서 정확한 인식을 어렵게 하기도 한다. 예를 들어 수평선이나 수직선의 길이를 햅틱적으로 인식하면 실제 물리적 길이와 매우 유사하지만 방향이 비스듬해지면 길이가 덜 정확하게 인식된다. 이러한 효과는 길이를 시각적으로 추정할 때도 발생한다. 길이가 동일한 선분의 끝이 화살촉 형태로 막혀 있는지 지느러미 형태로 막혀 있는지에 따라 두 선분의 길이가 다르게 지각되는 것으로 잘 알려진 뮐러-라이어 착시Müller-Lyer illusion 같은 현상을 햅틱 지각에서도 볼 수 있다. 이러한 일루전 현상은 4장에서 더 자세히 설명하겠다. 이러한 기하학적 특성의 처리에서 촉각과 시각 시스템이 지니는 유사성은 기저에서 일어나는 지각 과정 또한 유사하다는 것을 의미한다.

표면 질감

물체의 모든 물질적 특성 중 대부분의 연구에서 주제가 된 것은 '표면 질감surface texture'이며, 이것은 거칠기, 끈적임, 미끄러움, 마찰로 더 상세히 분류될 수 있다. 이 분류된 용어들에서 알 수 있듯이, 질감은 다차원적인 구조를 이루고 있다. 우리가 손으로 쥘 수 있는 전화기, 핸들, 종이, 직물과 같은 소비자 제품의 느낌부터 평면 디스플레이 위에 이러한 질감을 인위적으로 생성하는 것까지 표면의 다양한 측면을 여러 영역에서 인식하는 법을 이해하는 것이 중요하다. 온라인으로 구매하는 모든 제품 중에서 많은 사람들이 구매하기 전에 반드시 만져봐야 할 필요가 있다고 이야기하는 카테고리는 의류이다. 벨벳, 가죽 또는 실크와 같은 다양한 직물의 서로 다른 독특한 느낌, 즉 섬세한 촉감이 온라인 구매자를 위해 효과적으로 디스플레이에 재현되어야 하므로 이 도전은 만만치 않은 일이다. 직물의 '느낌'은 두께, 압축성, 인장 성질tensile property을 포함한 여러 특성과 관련이 있다. 또한 손가락 사이의 천을 문지르면 발생하는 전단력으로 우리는 표면이 어떻게 움직이는지 알아차릴 수 있다.

사람들이 지각하는 촉각적 비유사성dissimilarity에 기반하여 다른 질감을 분류할 경우, 다양한 질감으로 분류되는 세 가지 차원의 형상이 종종 나타난다. 처음 두 차원 변수는 거칢/부드러움과 단단함/무름이며, 이는 독립적이고 확실하게 나타난다.

세 번째 차원 변수는 끈적거림/미끄러움인데 다른 두 차원 변수만큼 두드러지지 않고 모든 개인에게 확실하게 지각되지도 않는다.[8] 끈적거리는 느낌은 접착테이프나 송진과 접촉할 때와 비슷한 감각을 말하며, 미끄러운 느낌은 손으로 젖은 비누를 잡을 때 경험할 수 있다. 이 지각의 차원에서는 접선력tangential force(물체의 표면에서 접선 방향으로 작용하는 힘을 의미한다－옮긴이)이 지각에 매우 중요한 역할을 한다.

표면 질감에 관한 많은 연구는 표면 거칠기와 표면을 덮는 요소의 크기 및 간격과 같은 다양한 매개 변수가 미치는 영향을 고려해서 거칠기를 판단하는 데 중점을 두어왔다. 사포와 같이 비교적 거친 질감의 경우 지각되는 거칠기는 '공간 주기spatial period', 즉 표면을 덮고 있는 요소들 사이의 크기나 간격과 관련이 있으며, 간격이 더 큰 것은 간격이 작은 것보다 거칠다고 인식된다. 공간 주기가 훨씬 작은 미세한 질감의 거칠기는 표면 위의 손가락의 움직임에 의해 생성된 고주파 진동으로 인식된다.

순응도

순응도compliance(순응도는 흔히 쓰는 표현을 사용하자면 '말랑말랑한 정도'를 의미한다. 순응도(=변위/힘)의 반대는 '딱딱한' 정도를 의미하는 '강성stiffness(=힘/변위)'이다. 순응도가 낮을수록 단단하고, 강성이 높을수록 단단하다－옮긴이)는 힘이 가해질 때 표면이 얼마나 변형할 수 있는지를 나타내므로 변위 또는 표면의 움직임과 가해진 힘 사이의 비율로 정의된다. 순응도의 반대는 강성이다. 이러한 용어들은 인지적 측면에서 흔히 표현하는 것들을 부드러움부터 딱딱함까지의 정도에 따라 물리적인 수치로 정의한다. 예를 들어 우리가 식료품을 살 때 과일이나 부드러운 치즈의 순응도에 관심이 있을 수 있는데, 이는 과일의 익은 정도나 신선도에 대한 정보를 얻을 수 있기 때문이다. 매트리스나 쿠션과 같이 변형이 가능한 물건들에서는 다양한 수준의 순응도 또는 부드러움을 식별할 수 있다. 우리가 알아차리는 순응도의 변화, 즉 차이 역치는 약 22퍼센트로, 무게나 힘에 대해 보고된 값인 6퍼센트보다 상당히 크다. 순응도에 따른 구분은 말랑말랑한 소재나 지속적으로 변형될 수 있는 표면에서도 가능한데, 예를 들면 고무공이나 자동차의 페달처럼 힘을 가하면 지속적으로 모양이 바뀌는 물체의 표면도 구별할 수 있다. 부드럽고 변형이 가능한 물체의 경우 피부의 기계적감각수용기의 정보가 순응도를 평가하는 데 중요하지만, 단단한 물체의 경우 피부감각과 운동감각 모두, 즉 햅틱 신호가 필수적이다. 키보드, 제어반control panels, 핸들처럼 힘이 가해질 때 움직이는 모든 유형의 인터페이스를 설계하려면, 단단한 물체의 순응도를 어떻게 인식하는지 이해하는 것이 중요하다. 이러한 대부분의 인터페이스에 반응하게 하는 힘을 충분히 생성한 시점(이때의 힘을 이탈력breakaway force이라고 함)을 우리가 알고 싶어 하기 때문에, 촉각 피드백이 종종 디스플레이 설계에 포함되어 이탈력을 초과할 때 촉각 신호를 보낸다. 예를 들면 키보드는 사용자가 0.04~0.25뉴턴의 힘을 가할 때 딸각거리는 촉각 피드백을 느끼도록 설계되어 있다.

점성

순응도와 관련된 지각적 실체의 예로는 속도에 따른 힘의 비율을 나타내는 물리적 성분인 '점성viscosity'을 들 수 있다. 우리는 바다에 뛰어들거나 옥수수 전분과 물을 섞어 점도가 있는 혼합물을 만들 때 점성력을 느낀다. 역사적으로 점성에 대한 지각이 중요했던 영역 중 하나는 바로 치즈나 버터를 이용하는 제빵 과정이다. 제빵 과정에선 재료를 다루는 동안 유동학적 특성, 즉 재료의 흐름과 변형에 대한 판단이 요구된다. 이러한 식품의 생산과 관련된 많은 공정이 자동화되었지만, 빵을 만들기 위해 소스를 만들고 반죽하는 것과 같은 일부 요리 절차는 여전히 점도 변화의 구별에 의존하고 있다. 원격으로 작동되는 로봇이 등장하면서 사람이 지각하는 점성을 이해해야 하는 또 다른 응용 과제가 주어졌는데, 이러한 로봇이 종종 인체 내부나 바다처럼 점성이 있는 환경에서 사용되기 때문이다. 이러한 응용 분야에서는 조작자human operator가 로봇의 움직임에 따라 발생하는 점성의 변화를 얼마나 일관되게 구별할 수 있는지가 중요하다. 점성에 대한 차이 역치는 약 19퍼센트로 추정되는데, 이 값은 순응도에 대해 보고된 값인 22퍼센트와 유사하다.[9] 힘과 움직임 신호가 통합되어야만 하는 상황에서 힘과 팔다리 움직임에 관한 차이 역치가 약 6~8퍼센트인 것을 감안할 때, 점성에 관한 차이 역치가 상대적으로 크다는 점은 지각 분해능의 소실이 발생한다는 것을 나타낸다.

탐색 절차

햅틱 감지 연구에서 흥미로운 과정 중 하나는 물체를 조작할 때 어떤 정보를 획득할 수 있는지, 특정한 속성을 인식하기 위해 어떤 유형의 손 움직임이 최적인지 결정하는 부분이다. 예를 들어 사람들에게 작은 멜론의 무게를 추측해보라 하면, 우리는 일반적으로 멜론을 손바닥으로 들어 올리고 손을 위아래로 움직이면서 무게를 인식한다. 한편 멜론이 얼마나 잘 익었는지 판단해보라 하면, 과일 표면이 딱딱한지 무른지를 결정하기 위해 한두 손가락으로 과일 표면을 찌르듯이 눌러볼 것이다. 이러한 움직임을 '탐색 절차Exploratory Procedure, EP'라고 하며, 사람들이 특정한 물성을 판단하려고 할 때 사용되는 손의 정형화된stereotype 탐색 패턴으로 정의된다.[10] 이러한 움직임들은 관심 있는 속성을 추출할 때 필요한 가장 정밀한 정보를 제공할 수 있게 탐색 패턴이 최적화되어 있는 것으로 밝혀졌다. 예를 들어 온도를 감지하기 위해 우리는 움직임 없이 손을 가만히 대고static contact 있으면서 물체 위에 손의 영역을 넓히는, 즉 피부와 물체 사이의 접촉 면적을 최대화하는 탐색 절차로 두 물체의 접촉면 사이 열의 흐름을 극대화한다. 이 탐색 절차는 다른 모든 동작과 비교할 때 온도를 감지하는 데 최적이다. 실험실 연구에 기록된 탐색 절차는 특정한 물성을 판단할 때 대부분의 사람들이 자연스럽게 사용하는 움직임들이다. 손으로 물체 전체를 둘러싸서 전체적인 형태나 부피를 판단하게 하는 포위형 탐색 절차Enclosure EP는 물체의 형태를 판단하는 가장 효율적인 방법인 것으로 나타났다. 대조적으로 순응도(또는 경도)를 평가하기 위한 압력형 탐색 절차Pressure EP는 물체를 찌르듯이 눌러서 압축성을 판단하는 데 사용되는 반면, 손가락으로 표면을 가로질러 앞뒤로 움직이는 횡운동형 탐색 절차Lateral motion EP는 질감을 인식하는 데 사용된다. 이러한 탐색 절차 중 일부는 그림 6에 도시되어 있다.

질감을 인식하기 위해 표면을 손으로 문지르는 것처럼 특정한 물성을 인식하기 위해 실행되는 탐색 절차는 차례로 그것이 사용되는 상황에 최적화된다. 예를 들어 사람들은 거친 표면에 비해 매끄러운 표면을 탐색할 때는 접촉력을 더 크게 변화시키고, 표면을 단순히 다른 것과 구분하려고 할 경우에는 표면이 무엇인지 정확하게 알아내려 노력할 때보다 표면을 더 빠르게 스캔한다. 이와 유사하게 물체의 순응도를 알아내고자 할 때는 무른 물체보다 딱딱한 물체에 더 큰 힘을 사용한다. 이들 각각의 상황에서 탐색 절차는 전형적인 움직임으로 간주될 수 있지만, 수행되는 작업에 따라 자체적으로 변형되기도 한다.

탐색 절차의 종류에 따라, 특정한 물성을 탐색하는 데 걸리는 시간과 추가적으로 얻을 수 있는 정보에 대한 비용과 편익이 달라질 수 있다. 예를 들어 정적 접촉 탐색 절차static contact EP는 물체의 열 특성에 대한 정보를 제공하며 동시에 표면 질감, 형상, 부피와 관련하여 부수적인 신호를 형성한다. 알려지지 않은 물체를 알아내는 가장 효율적인 방법은 물체를 집어서 들어보는 것인데, 이 과정이 재료와 기하학적 특성에 관해 대략적인 정보를 제공해주기 때문이다. 이 간단한 동작은 정적 접촉, 비보조파지unsupported holding, 그리고 포획형의 세 가지 탐색 절차를 포함한다. 이후 다른 탐색 절차들이 또 다른 물성이 있는지 없는지를 파악하는 데 사용된다.

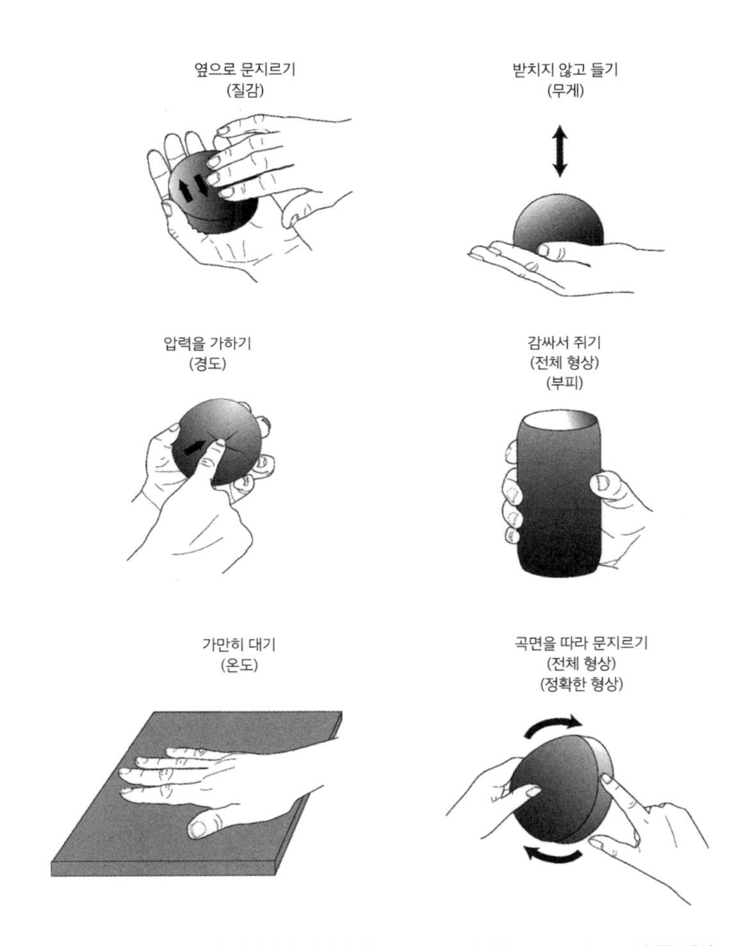

그림 6 탐색 절차와 최적화된 관련 속성(존스Jones와 레더만Lederman의 2006년 책[1], 레더만과 클라츠키Klatzky의 1987년 논문[10], 옥스퍼드 대학 출판사의 허락을 받아 게재).

햅틱 탐색

숨겨져 있는 물체를 찾으려고 할 때 우리는 지각적인 경험 과정을 단순화하기 위해 다른 전략을 사용한다. 단순화의 한 가지 예로, 두드러진 특징에만 선택적으로 관심을 갖는 능력이 있다. 예를 들어 여러 물건으로 가득 찬 가방의 아랫부분에 있는 열쇠를 찾으려고 할 경우, 차갑고 딱딱한 물건에만 관심을 가진다면 보다 효율적으로 열쇠를 찾을 수 있을 것이다. 그러한 상황에서 우리는 탐색 시간을 단축시킬 수 있는 특정 기능이나 목표에 관심을 집중하게 된다. 시각 시스템과 관련된 연구에서도 잘 알려져 있는 형상들이 다른 형상보다 더 잘 구별되고 더 눈에 띈다고 알려져 있다. 이 현상을 '팝-아웃 효과(두드러짐 효과) pop-out effect'라고 한다.[11] 시각에서의 예를 들면 우리는 파란색 원들 사이에서 빨간색 원을 쉽게 찾을 수 있다. 모든 원을 일일이 살펴볼 필요도 없이 빨간색 원이 즉시 눈에 띄게 된다. 그러나 여러 개의 수직선 배열 사이에 살짝 기울어져 있는 선을 찾는 것은 훨씬 어렵다. 이 경우 눈에 보이는 장면을 신중하게 탐색하여 선을 식별해내야 한다. 이러한 종류의 탐색은 항목을 하나씩 탐색하는 일련의 직렬형 프로세스인 반면에 팝-아웃 효과가 나타나는 대상은 병렬형으로 탐색되고 여러 항목을 한 번에 찾을 수도 있다. 이 두 가지 프로세스의 차이는 목표물을 찾는 데 걸리는 시간에 반영된다. 응답 시간이 훨씬 긴 경우 직렬형 프로세스와 관련이 있으며 목표로 하지 않는 물체nontarget나 방해가 되는 물체distractor의 수가 많을 때도 시간이 오래 걸린다.

우리가 팝-아웃 효과가 나타나는 햅틱 특징들을 식별할 때는, 물체를 인식하고 구별하는 데 사용되는 프로세스에 대해 학습하게 된다. 예를 들어 팝-아웃 효과의 특성을 보여주는 햅틱 특징에는 거칢, 차가움, 딱딱함이 있다. 이러한 특징들을 구별하는 경우가 반드시 대칭적이지는 않는데, 즉 매끄러운 표면 배열 사이에 있는 거친 표면은 두드러지게 느껴지지만 거친 표면 사이에 있는 매끄러운 표면은 두드러지게 느껴지지 않는다. 모서리의 방향(세로 혹은 가로)과 같은 햅틱의 특징에는 팝-아웃 효과가 나타나지 않으므로, 선택한 형상이 존재하는지 여부를 확인하기 위해선 배열의 개별 요소를 직렬형으로 탐색해야 한다. 재료의 특성 중에 햅틱 지각 측면에서 매우 두드러지는 것들은 햅틱 탐색을 하는 동안 팝-아웃 효과가 나타나는 특징들에 반영이 된다. 사람들에게 촉각만을 이용하여 서로 다른 물체들의 유사성을 판단해보라고 하면, 사람들은 이것들을 빠르고 효율적으로 알아차리기 때문에 이러한 특징들을 이용한다. 유사성을 결정할 때 모양이나 크기와 같은 기하학적 특성이 중요해지는 것은, 물체가 시각적으로 인식되는 경우에만 그렇다.

4

햅틱 일루전

3장에서는 촉각 지각 시스템의 속성에 대해 설명했다. 이 장에서는 주어진 물리적 자극이 예상치 못하거나 놀라운 형태로 지각되는 현상에 초점을 두는데, 이러한 현상을 흔히 '일루전illusion'(시각의 경우 보편적으로 알려진 '착시optical illusion'라는 용어가 있으나, 촉각의 경우 보편적인 용어가 없어 '일루전'이라는 표현을 그대로 사용하였다-옮긴이)이라고 한다. 햅틱 일루전은 물체의 물리적 특성이 왜곡되는 것에서부터 신체 일부의 크기를 달리 인식하는 것에 이르기까지 광범위한 스펙트럼을 아우른다. 또한 시간과 공간이 지각에 어떻게 영향을 미치는지를 보여주는 여러 햅틱 일루전도 있다. 즉 시간적으로 가깝게 일어나는 촉각 자극은 실제보다 공간적으로도 더 가깝게 인식된다. 종합하자면, 이러한 일루전은 사람들이 일반적으로 어떻게 주변 환경을 인식하고 표현하는지에 대한 귀중한 통찰을 제공한다. 또한 지각적인 체험에서 빠진 요소들을 보완하여 지각능력을 향상하는 도구로도 활용될 수 있다.

물체와 물체의 성질에 대한 일루전

일루전은 주변의 사건을 인식하고 해석하기 위한 보통의 인지 과정을 들여다볼 수 있는 흥미로운 관점을 제공한다. 일루전이 물리적 자극과 그 지각 사이의 놀랄 만한 불일치를 보여주기 때문이다. 우리는 다양한 착시(시각적 일루전)에는 익숙하지만 햅틱 감각 시스템에 영향을 주는 일루전에 대해서는 잘 알지 못한다. 많이 알려진 일루전은 '크기-무게 일루전size-weight illusion'(최초로 발견한 프랑스 의사 오귀스탱 샤르팡티에Augustin Charpentier의 이름을 따서 샤르팡티에 일루전이라고도 부른다－옮긴이)으로, 무게는 같고 부피가 다른 두 물체가 있을 때 더 큰 물체가 작은 물체보다 무게가 가벼운 것으로 인식되는 현상이다. 이 일루전은 물체를 인식할 때 촉각만 사용하든 촉각과 시각을 동시에 사용하든 관계없이 일어난다. 이러한 현상을 설명하기 위해, 무게를 판단할 때 이전 경험의 역할, 특히 더 큰 물체는 작은 물체보다 무거울 것이라는 기대를 강조한 기대 이론expectation theory을 포함하여 여러 가설이 제시되어왔다. 이런 기대로 인해 더 큰 물체를 들어 올리기 위해 쥐는 힘을 더 많이 가하게 되고, 예상보다 더 빠르게 가속되어 들어 올려지니 가볍다고 인식하는 것이다. 하지만 이것이 크기-무게 일루전을 완벽하게 설명할 수는 없는데, 그 이유는 여러 번 물체를 들어 올리면서 쥐는 힘이 물체의 실제 무게에 적응된 상태에서도 이런 일루전 현상은 여전하기 때문이다.

우리가 인식하는 물체의 무게는 부피 외에도 온도(2장에서 설명한), 모양, 밀도, 표면 질감 등 다른 특성에 의해 영향을 받을 수 있다. '형상-무게 일루전shape-weight illusion'은 시각적으로 가장 작아 보이는 물체가 촉각적으로 종종 가장 무겁다고 판단하는 것을 말한다. 정육면체는 동일한 부피의 구sphere보다 시각적으로는 더 크게, 촉각적으로는 더 가볍게 인식된다. 이 일루전은 시각적으로나 촉각적으로 감지된 형상과 크기와 관련하여, 무거운 정도를 인식하는 데 영향을 미치는 크기-무게 일루전과 밀접하게 관련되어 있다. 물체의 질량과 부피는 밀도와 관련되어 있으며, 밀도는 무거운 정도를 결정하는 데 중요한 역할을 한다. 예를 들어 황동처럼 밀도가 높은 재료로 만든 물체는 목재처럼 밀도가 낮은 재료로 만든 동일한 질량의 물체보다 무게가 덜 나간다고 판단하는 것이다. 무게를 판단할 때, 표면 질감은 물체를 들어 올리는 데 필요한 쥐는 힘과 관련이 있는 것으로 보인다. 새틴satin(표면에 윤이 많이 나는 면직물의 한 종류 - 옮긴이)으로 뒤덮힌 것처럼 표면이 미끄러운 물체는 사포처럼 표면이 거친 물체보다 더 무겁게 인식되는데, 그 이유는 물체가 손가락에서 미끄러지는 것을 방지하기 위해 필요한 쥐는 힘은 후자에서 더 적게 들기 때문이다. 이러한 무게 일루전weight illusion은 물체의 기하학적 특성과 재료적 특성이 우리가 인식하는 무게에 끼치는 엄청난 영향을 보여준다. 물체의 부피, 모양, 재료 구성, 접촉 표면 또는 온도가 변하면 인식되는 질량도 동시에 변한다.[1] 이러한 일루전 현상은 물체를 들어 올리는 데 사용되는 쥐는 힘이 물체의 예상된 무게가 아니라 실제 무게에 맞게 조정된 경우에도 여전히 지속되는 특성이 있다. 몇 가지 햅틱 무게 일루전이 그림 7에 요약되어 있다.

우리가 인식하는 물체의 크기나 선형적인 범위의 왜곡을 포함한 다수의 착시현상이 보고되어왔고, 촉각 모달리티에서도 이와 유사한 일루전 현상이 나타나는지 알아보기 위한 연구가 진행되어왔다. 그러한 일루전이 촉각적으로도 입증될 수 있는 범위를 살펴보고자 이러한 연구는 착시(시각적 일루전)를 순수하게 시각적인 관점으로 설명하는 것에 의문을 갖고, 대신 시각과 촉각 두 감각에서 그러한 자극에 대한 근본적인 지각처리 과정의 유사성을 제시한다. 잘 정립된 두 개의 착시현상인 '뮐러-라이어 착시'와 '수평-수직 착시horizontal-vertical illusion'(그림 8 참조)

부피
부피가 작은 물체가 큰 물체보다
무겁게 느껴진다.

형상
구가 정육면체보다
무겁게 느껴진다.

밀도
목재가 황동보다
무겁게 느껴진다.

표면 질감
표면이 매끄러운 물체가 거친
물체보다 무겁게 느껴진다.

온도
차가운 물체가 피부 온도의
물체보다 무겁게 느껴진다.

그림 7 물체의 다섯 가지 특성과 관련된 햅틱 무게 일루전. 각각의 비교에서 물체의 질량은 모두 같다.

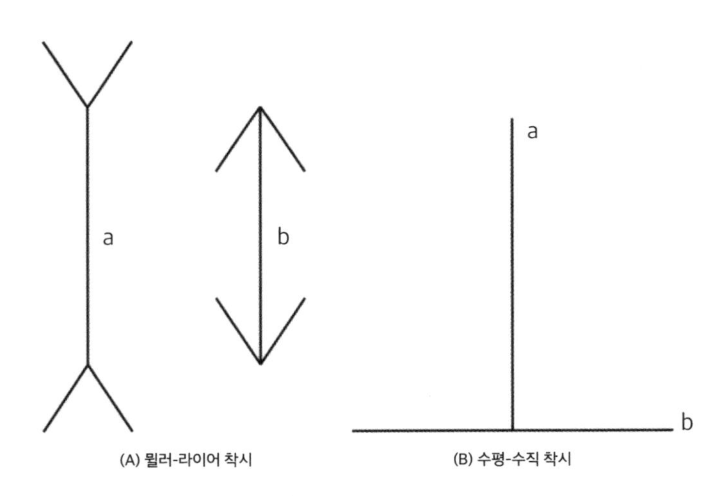

그림 8 (A) 지느러미 모양으로 경계가 표시된 a가 화살표 모양으로 경계가 표시된 b보다 더 긴 선분으로 지각된다. (B) 수직방향의 a가 같은 길이의 수평방향의 b보다 더 길다고 지각된다.

가 촉각에서도 발생한다. 뮐러-라이어 착시에서는 화살표 모양으로 경계가 표시된 선분이 지느러미 모양으로 표시된 선분보다 짧은 것으로 지각되는 반면, 수평-수직 착시에서는 수직 선분의 길이가 동일한 길이의 수평 선분에 비해 약 1.2배 더 길다고 인식된다.

뮐러-라이어 착시에서의 크기는 길이가 시각이나 촉각 중 어느 것으로 인식되는지와 관계없이 유사하게 나타나는데, 흥미롭게도 태어날 때부터 시각장애인이었던 사람에게도 강한 뮐러-라이어 착시와 수평-수직 착시가 존재한다는 사실은 시각적 이미지나 경험이 이 착시현상에 꼭 필요하지 않다는 것을 의미한다.[2] 시각과 촉각 모두에서 이러한 일루전이 존재한다는 것은 그것들의 실제 속성이 유사한 규칙과 표현에 기반을 두고 있음을 암시한다. 어떤 원이 더 큰 동심원 안에 위치하는 경우 큰 원의 크기에 따라 내부 원의 크기가 달리 인식되는 델뵈프 착시Delboeuf illusion 같은 다른 착시현상은 아직 촉각적으로도 나타난다고 증명되지 않았다.

이러한 기하학적 착시에서 드러나듯이, 공간에 대한 햅틱 지각은 시각적으로 인식된 공간에 대해서도 기술된 바와 같이, 물리적 사실들에 체계적인 왜곡이 있는 비유클리드 현상non-Euclidian(점, 선, 평면 등으로 설명되는 일반적인 기하학을 유클리드 기하학이라고 하며, 곡면, 공간의 왜곡 등이 있는 환경에서 정의되는 기하학을 비유클리드 기하학이라고 한다–옮긴이)으로 나타난다. 햅틱 지각과 관련하여 발생하는 공간 왜곡은 상당한 수준인 경우도 있는데, 눈을 가린 상태에서 기준이 되는 막대를 두고 회전이 가능한 직육면체 막대를 기준이 되는 막대와 나란히 평행하게 맞출 때의 오차의 예를 들 수 있다. 일부 사람들의 경우 기준이 되는 방향에서 최대 90도까지 멀어지는 등 큰 편차가 나타난다. 각각의 시도 후에 곧바로 눈으로 오차를 확인할 수 있게 시각적 피드백을 제공해도 다음 시도에서 여전히 오차가 꾸준히 지속될 정도로 이러한 오차는 강력하다.[3]

신체에서의 일루전

다수의 촉각 일루전은 자극이 지각되는 위치 또는 두 자극 위치 사이의 거리 등 피부에 가해진 자극의 공간처리 과정에서의 왜곡을 포함한다. 이러한 일루전은 일반적으로 자극의 공간적 특성과 시간적 특성 사이의 상호작용에서 발생하며, 자극이 가해지는 시간이나 자극 사이의 간격이 신체에서 지각하는 것에 어떻게 영향을 미치는지 보여준다. 네 가지 촉각 일루전은 이러한 상호작용을 설득력 있게 보여주는데, 이 일루전들은 그림 9에 개략적으로 설명되어 있다.

피부에 나타나는 자극 사이의 시간 간격이 매우 짧으면(100~300밀리초) 공간적으로 실제보다 더 가깝게 인식되는데, 이 현상을 '타우 효과tau effect'라고 부른다. 예를 들어 그림 9A에 도시된 바와 같이 세 개의 촉각 자극이 피부에 연속적으로 전달될 때, 처음 두 자극 사이의 거리가 두 번째와 세 번째 자극 사이의 거리의 두 배이지만, 두 번째와 세 번째 자극 사이의 시간 간격이 첫 번째와 두 번째 사이의 두 배일 경우, 실제로 자극 사이의 지각되는 거리는 시간 간격에 현저하게 영향을 받는다. 결론적으로 이 경우에는 두 번째와 세 번째 자극 사이의 거리는 처음 두 자극 사이의 거리의 거의 두 배로 지각된다. 이와 관련된 현상은 팔뚝을 따라 움직이는 프로브와 같이 연속적으로 촉각 자극이 피부에 가해질 때도 발생하는데, 이때 사람들은 지각되는 자극의 이동 거리를 응답한다(그림 9B의 그래프와 같이 프로브는 팔뚝 위에서 동일한 거리를 각각 다른 속도로 이동한다 – 옮긴이). 이때 지각되는 프로브의 움직임의 범위는 피부를 가로질러 이동하는 프로브의 속도에 크게 영향을 받는데, 예를 들어 주어진 길이는 느린 속도(10밀리/초)로 움직일 때보다 더 빠른 속도(2500밀리/초)로 움직일 때 최대 50퍼센트까지 짧게 지각될 수 있다(그림 9B 참조). 흥미롭게도 50~200밀리/초로 피부를 가로지르는 속도 범위에서는, 속도가 지각되는 자극의 이동 거리에 거의 영향을 미치지 않는다. 실제로 이 범위는 사람들이 질감이

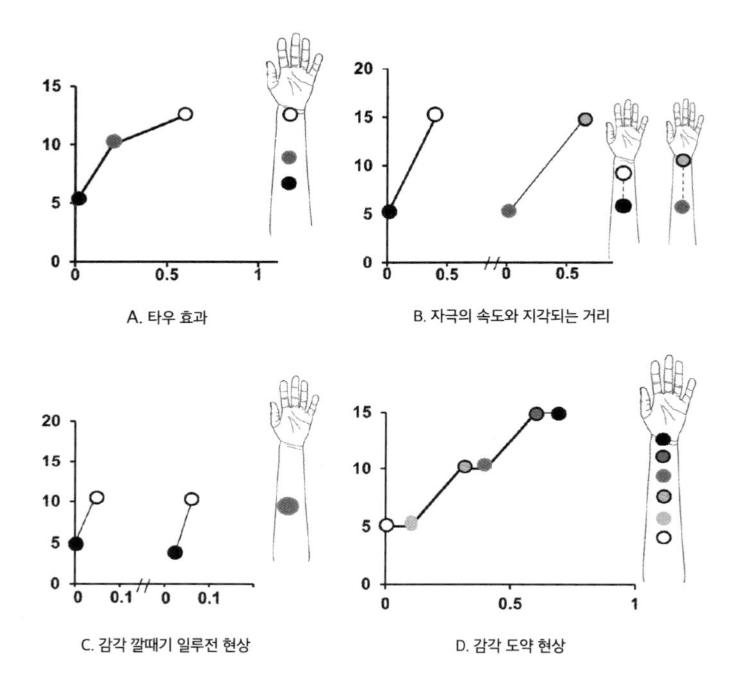

그림 9 네 가지 피부 촉각 일루전. 실제 피부 위에 가해지는 촉각 자극의 공간적이고 시간적인 특성들이 그래프에 팔뚝에서 일루전에 의해 지각되는 순서는 각 그래프의 옆 부분에 표시되었다. 가로축은 시간, 세로축은 팔뚝에서의 위치를 나타냄(존스Jones와 레더만Lederman의 2011년 논문[1], 골드라이히Goldreich의 2007년 논문.[4] IEEE의 허락을 받아 게재).

있는 표면을 스스로 탐색할 때 사용되는 속도 범위로, 피부 위를 움직이는 촉각 자극을 감지하는 데 최적의 속도라 할 수 있다.

피부에서의 거리는 신체 전체에 걸쳐 균일하게 인식되지 않지만 자극이 가해진 특정 부위와 자극의 방향에 따라 달라진다.

두 자극 지점 사이의 거리는 손이나 얼굴처럼 위치구별력이 더 높은 부위가 다리나 팔뚝처럼 위치구별력이 낮은 부위에 비해 더 긴 것으로 인식되는데, 이러한 효과를 '**베버 일루전**Weber's illusion'이라고 부른다. 신체의 일부 위치에서는 촉각 자극의 방향도 지각되는 두 자극 지점 사이의 거리에 영향을 준다. 예를 들어 허벅지와 팔 사이의 가로 방향 거리는 같은 크기의 세로 방향 거리보다 긴 것으로 인식되지만, 손바닥과 복부에서는 자극의 방향이 인식되는 거리에 영향을 미치지 않는다. 신체에 걸친 이러한 지각적 차이는 감수영역의 기하학적 변화, 또는 관절과 같은 해부학적 지표의 거리 인식에 대한 관여가 반영될 수 있다.

자극이 없는 위치에서 촉각 자극이 지각되는 일루전 현상을 '감각 깔때기 일루전sensory funneling illusion'이라고 한다(그림 9C 참조). 매우 짧은 촉각 자극이 피부의 몇몇 밀접한 위치에 동시에 가해질 때, 종종 우리는 자극이 한군데로 모여서 자극의 중심에 있는 단일 초점에서 발생하는 것으로 지각한다. 이러한 촉각 입력의 '깔때기funneling'는 개별 자극보다 더 강하게 인식되는 자극을 만든다.

움직임에 대한 일루전도 피부에서 나타나는데, 이것은 촉각 디스플레이 장치를 설계할 때 관심사가 된다. 왜냐하면 일루전이 촉각 벡터vector와 같은 방향성 신호를 생성하기 위한 메커니즘을 제공하기 때문이다. 개별적으로 분리된 여러 개의 태핑tapping 자극(기계적으로 두드리는 자극)이 피부에 순차적으로 가해지면, 이들은 일반적으로 별도의 자극이 아니라 피부 위를 가로지르며 움직이는 하나의 자극으로 인식된다. '파이 현상phi phenomenon'(다른 말로 가현운동apparent movement이라고 하며, 분리된 신호들이 짧은 시간 간격으로 차례대로 가해질 때 연속적인 신호의 움직임이라고 느끼는 현상은 시각, 청각, 촉각 모두에서 관찰된다 - 옮긴이)이라고 알려진 이 분명한 움직임에 관한 일루전은 끊기는 감각을 통해 지속적으로 움직이는 감각을 만들 수 있다는 측면에서 매우 매력적이다. 일루전이 유도되는 자극 사이의 최적의 간격은 자극의 지속 시간에 따라 직접적으로 영향을 받는다. 예를 들어 한 번에 100밀리초 동안 지속되는 태핑 자극을 피부에 가할 경우, 파이 현상이 발생하는 태핑 자극 사이의 최적의 시간 간격은 70밀리초이다.

피부에서 촉각 자극의 위치를 잘못 판단하는 것과 관련된 일루전 중 하나로 '감각 도약sensory saltation'이 있다(그림 9D 참조). 이 일루전에서 피부의 세 곳에 연속적으로 전달되는 일련의 짧은 촉각 펄스들은 첫 번째에서 세 번째 위치로 자극이 부드럽게 진행되어가는 것처럼, 즉 마치 '작은 토끼가 뛰어다니는 것처럼' 피부 위에서 점진적으로 이동하는 자극으로 인식된다.[5] 이 일루전은 피부에서 처음 발견되었고, 일명 '피부 토끼cutaneous rabbit'로 알려졌다. 이후 시각과 청각에서도 이러한 현상이 발생한다고 밝혀졌다. 모든 일루전에서 볼 수 있듯이, 태핑 자극수(3~6회), 자극 사이의 시간 간격(20~250밀리초), 촉각적 자극이 전달되는 피부 부위에 따라 일루전이 발생하는 최적의 조건이 있다. 태핑 자극 사이의 시간 간격이 300밀리초 이상일 경우에는 우리가 위치를 정확하게 알아차리기 때문에 일루전이 발생하지 않는다. 착시가 일어나는 피부 부위는 도약 부위saltatory area로 알려져 있는데, 손가락의 아주 작은 부위(2~3제곱센티미터)에서부터 팔뚝의 훨씬 더 넓은 부위(146제곱센티미터)까지 다양하다. 이 일루전에서 특히 흥미로운 사실은 사람들에게 실제로 신체의 특정 위치를 따라 태핑 자극이 정확하게 제시되고 있는 상황과 도약 자극saltatory stimuli에 의해 발생한 일루전으로 자극이 제시되고 있는 상황 중에 어떤 방법으로 자극이 제시되는지 물어봐도 실제로 두 상황을 구분할 수 없다는 것이다. 이는 실제 자극과 일루전 자극에 의해 유발되는 촉각 지각이 모두 현상학적으로 매우 유사하다는 것을 의미한다.

공간과 시간에 관한 이러한 촉각 일루전은 지각처리 과정의 기본 원리, 즉 두 사건이 공간상 및 시간상으로 가깝게 발생할 때 한 자극이 다른 자극의 지각에 영향을 미친다는 것을 보여준다. 신체의 촉각 디스플레이tactile display(촉각 디스플레이는 햅틱 디스플레이haptic display의 하나로 피부감각 전달을 목적으로 하는 장치를 제한하여 일컫는 말이다. 원어 발음을 그대로 이용하여 '택타일 디스플레이'로도 흔히 불린다. 이에 대해서는 5장에서 상세히 다룬다-옮긴이) 관점에서 이것은 물리적 거리가 다른 신체 부위에서는 다르게 지각될 수 있고, 촉각 신호의 시간 간격이 변할 때도 자극이 지각되는 위치가 변할 수 있음을 의미한다. 그러나 이러한 일루전은 촉각 신호의 표시를 발전시키는 메커니즘을 보여주기도 한다. 예를 들면 감각 도약과 같은 현상을 이용해서 사용자에게 물리적으로 전달되는 것보다 더 많은 입력을 인식하게 할 수 있다.

신체의 재현에 관한 일루전

촉각과 운동감각 신호는 공간에서 팔다리의 상대적인 위치에 대한 정보를 제공하고 신체 스키마body schema라고도 불리는 신체상body image을 지각하는 데 기여한다. 신체 스키마에 왜곡을 일으키는 몇몇 일루전들은 팔다리의 크기, 길이, 위치 등을 잘못 지각하게 한다. 그러한 일루전 중 하나는 '고무 손 일루전rubber hand illusion'인데, 이는 마치 시각적으로 보이는 입력이 촉각 자극을 점유하는 것처럼 보이는 현상으로, 가려서 보이지 않는 진짜 손에서 느끼는 촉각 감각이 눈에 보이는 가짜 손(고무 손)에서 나타나는 지각 현상을 말한다.[6] 예를 들어 책상 위에 피험자의 오른손을 펴서 올리게 하고 그 옆에 모양이 비슷한 고무 손을 약간 각도를 달리하여 둔 후에 고무 손만 보이게 하고, 피험자의 팔뚝은 전체가 안 보이게 덮개를 이용하여 가린다(원문에는 없으나 이해를 돕기 위해 이 문장을 추가한다 - 옮긴이). 이때 가려서 보이지 않는 진짜 손과 눈에 보이는 고무 손을 동시에 붓으로 문지르면, 상당수의 사람이 진짜 손이 아닌 눈에 보이는 고무 손 위에서 붓을 문지르는 느낌을 받는다. 이 효과는 사람들에게 보이지 않는 진짜 손의 위치를 표시하게 해서 정량화할 수 있다. 그 결과 마치 그들의 손은 고무 손의 방향으로 옮겨진 것처럼 되는데, 이러한 일루전이 발생하기 위해서는 인공 손의 크기, 모양, 방향각이 반드시 진짜 손과 비슷해야 한다. 또한 두 부위(진짜 손과 고무 손)에 전달되는 촉각 자극이 동기화되는 것이 중요하다. 이 일루전은 신체상의 가변성malleability을 연구하는 도구로 활용되었을 뿐 아니라 시각, 촉각 및 자기수용감각 신호가 어떻게 통합되는지 이해하기 위한 수단으로 연구되었다.

신체의 표현에서 왜곡과 관련된 또 다른 일루전은 '햅틱 진동 일루전haptic vibration illusion'이다. 힘줄 위에 놓인 피부에 진동을 가하면, 진동하는 근육의 작동에 의한 팔다리의 착각적인 움직임이 유도된다. 예를 들어 팔뚝의 노뼈radius bone에 삽입되는 이두근 힘줄biceps tendon이 진동할 경우 사람들은 팔뚝이 늘어난다고 인식한다. 팔 뒤쪽의 삼두근 힘줄triceps tendon이 진동하면 팔을 움직이지 않았는데도 팔이 굽혀진다고 인식한다. 이 일루전이 발생하려면 팔을 보이지 않게 가리고 움직이지 않아야 한다. 진동하는 팔에서 인지되는 움직임을 측정하기 위해서 연구자들은 피험자들에게 진동이 없는 다른 팔을 사용하여 진동하는 팔과 움직임을 일치시킨다. 이 일루전은 팔다리의 위치와 움직임의 지각과 관련된 감각 메커니즘을 이해하는 데 특히 중요한데, 예를 들어 이 일루전은 운동감각에서 근방추수용기가 수행하는 중요한 역할이 있음을 보여준다. 이 수용기들은 진동에 반응하는 강한 전기 신호를 방출한다고 알려져 있는데, 흥미롭게도 이 신호를 중추신경계와 뇌에서는 (근방추의 고유 기능인) 근육이 늘어나고 있음을 나타내는 신호로 해석하기 때문에 일루전이 일어나게 되는 것이다.

진동 일루전에 대한 연구의 또 다른 흥미로운 결과는 진동이 가해지는 동안 근육이 실제로 늘어나는 운동을 하면, 사람들은 종종 진동이 가해진 팔다리가 해부학적으로 불가능할 정도의 위치에 있다고 인지하게 된다. 예를 들어 손목이 최대한 뒤로 젖혀진 상태에서 손목을 구부리는 근육에 진동이 가해졌을 경우 사람들은 손이 팔뚝 표면을 향해 완전히 꺾인 느낌이 난다고 말할 것이다.[7] 이는 뇌에서 우리의 신체가 어떻게 재현되는지는 해부학적인 관절의 움직임에 제약을 받지 않으며, 운동감각이 이전의 경험에서 추론된다는 것을 암시한다. 이러한 신체 재현의 가소성plasticity은 우리의 팔다리를 연장하는 형태를 갖는 도구나 손으로 쥐는 장치handheld device를 사용하는 능력에 매우 중요하다.

우리 몸의 지각적 재현에 대한 마지막 그리고 익숙한 왜곡은 마취될 때 우리 몸의 일부분의 크기가 변한다고 인식하는 것이다. 예를 들어 치과 의사가 구강 부위를 마취하면 사람들은 보통 입술과 얼굴 아랫부분이 부어 있다고 느끼게 된다. 이러한 효과를 체계적으로 연구하기 위하여 엄지손가락과 연계된 손가락 신경을 마비시키고 그 지각되는 크기를 측정하는 방법을 사용했다. 이때의 지각적인 변화는 상당한데, 엄지손가락은 평소보다 60~70퍼센트 더 크게 인식됐다. 흥미롭게도, 엄지손가락을 마취했을 때 바로 인접한 집게손가락의 인식된 크기는 변하지 않는 반면, 입술의 크기는 55퍼센트 정도까지 커진다고 인식한다.[8] 이러한 변화는 대뇌피질에서 신체의 감각 재현을 반영하고 있다는 것인데, 사실 대뇌피질에는 엄지손가락과 입술의 감각 신호에 모두 반응하는 뉴런 다발이 있기 때문에 이 두 부위 중 한 군데의 입력이 변경되는 경우 두 부위 모두의 정보처리에 영향을 미친다는 건 그리 놀라운 일이 아니다. 인식된 크기가 커지는 것은 마취된 상태에서도 차단되지 않은 감각 입력들로도 설명할 수 있다. 마취된 영역에서 오는 피드백은 억제되지만, 인접한 대뇌피질에 있는 뉴런의 재현 부위에서 감수영역의 확장이 일어나는 것이다. 이러한 일루전 효과는 마취의 정도와 관련이 있으며, 팔다리 전체를 마취하면 더는 발생하지 않는다.

촉각 잔상

'잔상aftereffect'(잔상은 시각적 의미로만 사용되는 단어이지만, 'after-effect'를 독자들이 '잔재하는 촉각 효과'로 가장 쉽게 연상할 수 있도록 익숙한 단어인 '잔상'으로 번역하였다-옮긴이)이란 또 다른 순응 자극을 장시간 받은 후에 새로운 자극을 지각하는 경우 발생하는 변화를 의미한다. 우리가 시각적인 면에서 익숙한 폭포 착시waterfall illusion라고 불리는 잔상을 예로 들 수 있다. 약 1분 동안 물이 떨어지는 폭포를 본 후 폭포 옆의 바위를 보면 바위가 위쪽으로 움직이는 것처럼 보인다. 이것은 잔상의 주요한 특징 중 하나를 보여주는데, 일반적으로 변화는 초기 자극과 반대 방향으로 일어난다. 촉각적으로는 곡률, 모양, 무게, 거칠기, 온도를 포함한 다수의 촉각 자극에 대한 잔상이 보고되었는데, 위에 설명한 바와 같이 각각의 경우에 인지하는 크기의 변화는 기존에 적응된 자극과 반대 방향으로 일어난다. '햅틱 곡률 잔상haptic curvature aftereffect'은 손가락으로 볼록한 곡면을 반복적으로 만진 후에 평평한 표면에 손을 대면 오목하게 느껴지는 현상을 말한다. 이 효과는 매우 빠르게 나타나는데, 볼록한 표면을 손으로 2~10초 정도 문지르기만 하면 최대 1분 동안 지속될 수 있다. 이러한 잔상은 일반적으로 말초신경수용기가 과도한 자극을 받아서가 아니라 감각 신호를 대뇌피질에서 처리하는 과정에서 발생하는 것으로 여겨진다. 이 가설은 처음 접촉에 관여한 손가락이 아니라 관여하지 않은 다른 손가락에서도 잔상이 나타난다는 사실에 기반하고 있는데, 실제로 어떤 자극의 경우에는 반대편 손에서도 잔상이 나타나기도 한다.

햅틱 일루전의 응용

촉각 및 햅틱 일루전은 촉각 지각에 대한 우리의 이해를 도울 뿐 아니라 정보의 표현을 발전시키기 위한 노력의 하나로, 인간의 지각을 조작하는 데 사용될 수 있다. 예를 들면 촉각 디스플레이는 촉각 자극의 위치를 잘못 인지하거나 피부를 따라 가로지르는 듯한 일루전 현상인 '시공간 일루전space-time illusion'을 이용하여 사용자에게 전달되는 신호를 늘리도록 설계될 수 있다. 일루전 현상을 가상현실에 도입해 지각적인 경험을 풍성하게 할 수도 있다. 햅틱 인터페이스haptic interface(촉각 자극을 인위적으로 발생시킬 수 있는 사용자 인터페이스를 의미한다. 유사한 의미의 단어로 햅틱 디바이스, 햅틱 디스플레이 등이 있다-옮긴이)는 실제 세계에 대응하지 않는 기계적 신호를 생성하는 데도 사용될 수 있으며, 이 사용은 사람의 햅틱 지각에 관여하는 기본 메커니즘들을 이해하는 데 도움이 될 수 있다. 예를 들어 곡률에 대한 햅틱 지각은 손가락이 표면을 가로질러 움직이는 동안 생성되는 접선 방향의 힘tangential force에 의해서가 아니라 손과 접촉하고 있는 물체 표면의 기하학적 형상에 의해 결정되는 것으로 여겨져 왔다. 그러나 일반적으로 동시에 변하고 있는 두 자극 신호가 햅틱 디스플레이에서 서로 반대로 향할 때(예를 들어 기하학적 형상이 있는 표면 위에서 두 손가락을 동시에 반대방향으로 문지를 때를 말한다-옮긴이) 기하학적 특징에 대한 지각을 결정하는 것은 표면의 형상이 아니라 접선력이 될 수 있다.[9]

최근 가상현실 및 증강현실 시스템 개발에 따라 사용자의 지각능력과 비슷한 성능을 가진 '햅틱 디바이스'에 대한 요구가 커지고 있다. 하지만 햅틱 디바이스는 생성할 수 있는 대역폭과 힘의 범위에 한계가 있어서(5장 참조), 이러한 단점을 보완하기 위해 시각이나 청각 자극을 동시에 사용하는 다중 감각 디스플레이에도 관심을 둘 수 있다. 예를 들어 가상 물체의 강도를 표시하는 촉각 자극 신호와 함께 시각이나 청각 자극 신호의 변화를 동시에 가하면 아주 강력한 햅틱 일루전이 나타날 수 있다는 것이 확인되었다. 예를 들어 가상 스프링을 누르는 데 사용되는 손가락 움직임이 크지 않았더라도 스크린이나 머리 착용 디스플레이(HMD)에 시각적으로 상당한 양의 변화가 표시될 경우, 사람들은 스프링의 강도를 판단할 때 시각 정보에 더 집중하는 반면 손가락의 운동감각 신호는 외면한다.[10] 이와 관련된 효과는 청각 자극 신호를 사용할 때도 나타난다. 예를 들어 사용자가 햅틱 인터페이스를 이용하여 가상 물체를 두드릴 때 다른 충격음이 날 경우, 청각 자극 신호는 가상 물체의 강성의 순위에 영향을 미치는 것으로 나타났다. 하지만 그 효과는 시각 자극 신호에 비하여 강하지는 않다.

일루전이 있는 햅틱 경험을 일으키는 데 사용되는 또 다른 범주의 현상이 있는데, 이를 '유사 햅틱 피드백pseudo-haptic feed-back'이라고 한다. 이 효과는 시각과 함께 일루전을 일으키는 시각-촉각 지각의 특성을 사용한다. 유사 햅틱 피드백은 가상 스프링의 강성이나 가상 물체의 질감과 같은 햅틱 특성을 시뮬레이션하는 데 사용되었다. 이것은 가상환경에서 개인의 움직임이나 행동이 동기화되는 한 방법으로, 시각 피드백과 결합된 햅틱 피드백을 시뮬레이션하는 것이 필요한데, 햅틱 일루전을 일으키기 위해 시각 피드백을 왜곡시키기도 한다. 예를 들어 컴퓨터 마우스나 다른 입력 장치에서 사용자의 손이 움직인 거리(C)와 스크린에서 물체가 시각적으로 움직인 변위(D) 사이의 비율을 변경하면, 시각적으로 구별되는 특정 영역에서는 대상 물체가 느려지거나 가속되는 것처럼 보인다. 예를 들면 가상 물체의 움직이는 양을 변화시키면 사용자에게 두 가상 표면 사이의 다른 마찰 효과를 일으킬 수 있다. 또한 촉각적으로 지각되는 가상 물체의 질량이나 강성은 유사 햅틱 효과를 만들어 내는 거리(C)/변위(D) 비율을 변경하여 조작할 수도 있다.[11]

5

촉각 및 햅틱 디스플레이

우리는 피부를 이용해 정보를 교환하는 경우에는 언제나 촉감을 고려한다. 간단한 신호의 예를 들면, 휴대전화의 수신을 알리기 위해서 사용되는 진동 신호나 고속도로에서 차가 갓길로 벗어날 때 가장자리의 노면요철포장을 통해 느껴지는 떨림이 있다. 이 장에서는 촉각 및 햅틱 디스플레이haptic display(우리가 시각 정보를 전달하는 장치인 모니터를 시각 디스플레이라 부르는 것처럼, 햅틱스 분야에서는 햅틱 정보를 전달하는 장치를 햅틱 디스플레이라 부른다－옮긴이)에 사용되고 있는 기술, 응용분야 및 웨어러블 햅틱 시스템이 당면한 과제에 중점을 두고, 다양한 유형의 촉각 및 햅틱 디스플레이를 살펴볼 것이다. 19세기 초에 개발된 시각장애인을 위한 점자부터 최근의 햅틱 피드백을 이용해 원격으로 통신하는 로봇 시스템에 이르기까지 시스템의 성공 여부는 사용자가 불편하지 않고 직관적으로 사용할 수 있으면서 시각이나 청각으로 구현하기 어려운 이점을 제공받는지에 달려 있다.

사람 사이 대부분의 소통에는 눈으로 보는 것과 귀로 듣는 것이 포함되지만, 접촉하는 것 역시 매우 필수적인 요소이다. 직원 수가 모자란 보육원에서 주로 나타나는, 신체 접촉이 결여된 유아들의 성장이나 발달에 장애가 있는 현상이나, 피부 대 피부로 어머니와 접촉을 많이 한 미숙아들은 호흡기 질환 및 감염 발생률이 낮다는 연구는 촉각 자극이 얼마나 중요한지 보여주는 증거가 된다. 이러한 촉각의 발달적 측면을 넘어서서, 피부를 의사소통의 매개체로 사용하는 것에 대한 관심은 19세기 초의 점자의 발달로 이어졌다. 당시에는 시각 정보가 소실되거나 시력이 상실되었을 때 촉각 정보를 이용하여 보완하는 것에 중점을 두었다. 최근에는 컴퓨터나 모바일 기기와의 상호작용에 사용되는 시각 및 청각 인터페이스의 확산으로 사용자가 정보 과부하를 겪게 되면서 촉각을 사용하는 의사소통에 대한 관심이 새롭게 등장했다. 촉각을 사용한 의사소통 방식의 장점에는 정보를 전달할 수 있는 피부의 넓은 영역, 주목을 끌기 위한 인상적인 촉각 자극의 효과, 정보전달 채널의 낮은 활용률 등이 있다.[1] 촉각적 의사소통은 사적인 것으로, 많은 상황에서 중요한 고려 사항이 된다. 예를 들어 내비게이션을 지원하는 웨어러블 진동촉감 디스플레이wearable vibrotactile display부터 시각장애인이 글자를 읽을 수 있는 점자 디스플레이까지 여러 통신 요구 사항을 지원하기 위한 다양한 촉각 디스플레이가 개발되었다.

촉각 디스플레이 기술

촉각 디스플레이는 피부에 전달되는 입력 유형에 따라 크게 세 가지 종류인 '진동', 피부를 누르는 '압력', 측면 또는 접선 방향으로 늘이는 '피부 변형skin stretch'으로 나눌 수 있다. 이러한 입력을 전달할 때 사용되는 기술은 웨어러블 기기에 진동촉감을 발생시키는 데 사용되는 전자기력electromagnetic을 기반으로 한 모터부터 전기촉감 디스플레이electrotactile display를 위해 높은 밀도로 정렬된 전기자극용 전극부까지 다양하다. 진동촉감 디스플레이vibrotactile display는 전기 에너지를 기계적 에너지로 변환시키는 소자인 전기모터를 이용하여 피부를 자극하는데, 모터 전체를 이용하거나 모터에 핀이나 패드 등을 부착하여 피부를 자극하며, 일반적으로 작동범위는 10~500헤르츠이다. 모터는 일반적으로 전자기력을 이용하거나 압전piezoelectric 원리를 이용하는데 전자기력을 이용하는 모터는 크기가 작고, 가용성이 높고, 비용이 적고, 전력이 낮은 특성이 있어서 더 널리 사용된다. 이러한 이유로 모터는 휴대전화, 호출기, 게임 컨트롤러 등에서 장치를 쥐고 있는 손에 진동을 전달하는 데 자주 사용된다.

전기촉감 디스플레이는 피부의 표면에 부착된 전극 배열을 통해 짧은(50~100마이크로초) 정전류 펄스(0.1~10밀리암페어)를 전달하여 촉각을 만든다(1마이크로초는 백만분의 1초의 시간, 1밀리암페어는 천분의 1암페어의 전류를 의미한다-옮긴이). 전기적 자극의 세기는 펄스의 지속 시간과 전류의 크기에 따라 조절된다. 피부를 기계적으로 자극하여 연관된 기계적감각수용기를 활성화하는 디스플레이 장치와 달리 전기촉감 디스플레이는 모든 종류의 피부수용기의 정보가 전달되는 신경섬유를 활성화한다. 전기촉감 자극에 의해 유발되는 감각은 더 다양한 느낌인데 자극 전류나 파형, 피부의 습도에 따라 따끔거림, 압력, 때로는 날카로운 통증 등으로 나타난다. 전기촉감 디스플레이에 의해 전달되는 촉각 자극은 피부와 전극 사이의 접촉 상태에 따라 크게 달라진다. 다행히 이 디스플레이에는 움직이는 부품이 없으므로 제어와 유지 관리가 비교적 간단하다. 또한 일반적으로 배터리로 구동되는 웨어러블 디스플레이의 중요한 고려 사항인 전자기계식 구동기electromechanical actuator보다 소형이며 필요한 전력도 낮다.

전기촉감 디스플레이가 널리 사용되지 못하는 데는 두 가지 이유가 있다. 첫째, 동적 범위dynamic range가 다소 제한되어 있고(10데시벨) 둘째, 전극에서 피부로 전류를 효율적으로 전달하기 위해서는 습도 있는 환경이 필요하다. 동적 범위는 데시벨(데시벨은 1벨=10데시벨로 정의되어, 일반적으로 역치(P_{tb})에 대한 현재의 파워(P) 비율의 로그 값에 10을 곱하여 얻는다. 즉 $dB = 10 \times \log_{10} \frac{P}{P_{tb}}$ 이다. 파워(전력)는 전압 또는 전류의 제곱에 비례하므로, 전압(V) 혹은 전류(I)에 대한 데시벨은 $10 \times \log_{10} \left(\frac{I}{I_{tb}} \right)^2 = 20 \times \log_{10} \frac{I}{I_{tb}}$ 로 계산된다 – 옮긴이)로 측정된 최대 및 최소 자극 강도의 비율을 나타낸다. 전기촉감 디스플레이의 경우 통증이 느껴지는 전류(최대 강도)와 절대 역치가 측정되는 전류(인지할 수 있는 최소 강도)로 정의된다. 동적 범위가 작다는 것은 자극의 역치와 통증이 발생하는 자극 사이의 차이가 매우 작다는 의미이므로, 고통스러운 감각을 피하기 위해서는 자극되는 전류를 엄격하게 제어해야 한다(이와는 대조적으로 피부를 기계적으로 자극하는 진동촉감 디스플레이는 약 40데시벨의 동적 범위를 갖는다고 측정된다). 시각장애인을 위해서 상용화된 전기촉감 디스플레이의 하나로 브레인포트BrainPort(Wicab, Inc.)가 있는데, 이것은 안경에 장착된 카메라로 촬영한 이미지의 픽셀 정보를 혀가 느끼는 강하거나 약한 전기 임펄스로 변환시킨다(이 시스템은 6장에 자세히 설명되어 있다). 이 전기촉감 디스플레이는 입천장에 부착되며 혀를 접촉할 때 설정된 공간적인 패턴을 느낄 수 있게 한다.[2]

피부를 움푹 눌러주는 '정적 디스플레이static display'는 일반적으로 손가락 끝에 점자와 같은 신호를 제공하기 위해 개발되었다. 점자형 장치에는 핀 배열이 필요하며, 각 핀은 점자 문자를 구성하는 여섯 개의 셀을 표현할 수 있게 개별적으로 제어되어야 한다. 이를 위해서는 각 핀이 손가락 끝의 피부와 접촉할 수 있도록 작은 구동기(액추에이터)actuator 기술을 사용해야 하는데, 이 응용에는 많은 장치들 중에서 압전식 구동기가 사용되었다.

최근에는 또 다른 기술로, 공기 중의 초음파에 기반하여 피부에 압력을 전달할 수 있는 '비접촉 디스플레이' 기술이 연구되었다. 작은 스피커 배열(초음파 발생기)로 생성된 허공의 초음파에 의한 복사 압력의 공간 위치를 제어함으로써 시스템은 진동 촉감의 자극 없이도 촉각적인 3차원 형상을 생성할 수 있다.[3] 이 디스플레이는 손으로 탐색하고, 위치에 따라 피부에 약한 압력의 느낌을 주는 가상의 형태를 나타낼 수 있다. 이 기술은 최근 자동차 내부에 비접촉식 촉각 디스플레이로 사용하기 위해 검토되고 있다.

마지막으로 소개할 기계적 입력 유형의 촉각 디스플레이는 피부 변형이다. 'Stretch(당겨 늘임)'라는 단어에서 알 수 있듯이, 이 유형은 정적 디스플레이가 전형적인 피부 표면에 수직으로 압력을 가하는 것과 달리 접선 방향으로 피부를 늘리면서 자극을 주는 장치이다. '피부 늘임형 디스플레이skin stretch display'는 목적하는 방향(예를 들어, 왼쪽 또는 오른쪽)으로 피부를 당기듯이 늘려서 손가락이나 손바닥에 방향성 신호를 제공할 수 있고, 방향성 신호는 피부 위에서 회전하는 방향으로 피부를 당겨서 생성할 수도 있다.[4] 이러한 종류의 촉각 디스플레이는 상용화되어 가상현실 게임을 위한 컨트롤러 등에 사용되고 있다. 이러한 맥락에서, 피부의 늘어남을 이용하면 실제로 물체를 잡을 때 경험하는 전단력shear force과 마찰력을 모방할 수 있다. 또한 측면 방향의 힘은 곡률과 같은 기하학적 특성에 관한 햅틱 신호를 제공하는 데 사용될 수 있다.

촉각 디스플레이의 응용 분야

게임

진동촉감 디스플레이는 아케이드 게임, 비디오 게임 콘솔video game console 등의 일부가 된지 오래이다. 1970년대와 1980년대에 세가Sega의 모토크로스Moto-Cross와 아타리Atari의 TX-1 아케이드 게임을 시작으로 진동 피드백은 사용자의 경험에 필수가 되었다. 예를 들면 도로의 노면요철포장을 지나거나 자동차가 부딪혔을 때, 사용자는 자동차와 물리적인 상호작용을 하는 느낌을 받는다. 1990년대까지 진동 피드백은 대부분의 주행 시뮬레이터에서 필수적인 부분이었다. 게임 콘솔이 발전하고 시장이 커지면서 무기를 발사하거나 녹아웃knockout을 성공시키는 효과가 손에 촉각적인 느낌으로 전달되었다. 이러한 시스템에 사용된 기술은 성능이 좋아진 모터로 인해 사용자에게 더 복잡하고도 강렬한 진동 피드백을 전달할 수 있게 되었지만, 촉각적 효과는 여전히 상대적으로 단순하다. 진동촉감 피드백 외에도 피부를 늘리거나 회전시키는 전단력을 전달하는 휴대용 컨트롤러가 사용되어왔다. 이러한 장치에서는 피부를 늘리는 속도와 방향을 변화시켜서 기계적인 충격과 비트는 동작, 관성 신호 등을 전달할 수 있다. 게임 시장에서는 현실감 있는 다양한 물리적 상호작용을 촉각적으로 전달할 수 있는 장치에 대한 요구가 계속되고 있다.

전자제품

스마트폰이나 시계와 같은 여러 전자제품에서는 진동으로 수신 전화나 예정된 약속을 알려주는 가장 간단한 형태의 촉각 통신을 사용한다. 이 기능은 이미 많은 장치에서 구현되고 있는데, 사용자에게 이벤트를 간단히 알려주는 방식이다. 진동 자극이 압력 자극보다 더 선호되는 경우가 많은데, 이는 사람이 정적인 신호보다 동적이거나 변화하는 신호를 더 잘 감지하기 때문이다. 여러 장치에서는 각각의 기능에 대응하는 다른 진동패턴을 최적화할 수 있다. 이는 진동 신호를 통해 전달할 수 있는 정보의 양을 늘려주는 역할을 하지만, 다양한 패턴을 구별하기 위해서는 수신되는 진동 신호에 상당한 주의를 기울여야 한다. 예를 들어 긴박한 느낌을 전달하기 위해 진동의 리듬은 펄스 사이의 시간 간격을 짧게 할 수 있는데, 이러한 방법은 약속 시간이 다가오는 신호나 중요한 문자 메시지를 알리는 데 응용될 수 있다.

자동차

촉각 운전자 보조 시스템tactile driver assistance system은 트럭을 포함한 다양한 차량에 구현되어, 피곤하거나 주의가 흐트러져서 눈앞의 위험을 알아차리지 못하는 운전자에게 촉각적으로 경고할 수 있다. 촉각 피드백은 일부 차량의 인포테인먼트info-tainment(인포테인먼트는 'information'과 'entertainment'의 합성어로, 정보전달에 오락성을 가미한 미디어를 일컫는다. 최근 자동차의 경우 운전석 옆에 설치되어 내비게이션, 미디어 플레이어, 주차 보조 등에 활용할 수 있는 터치스크린 방식의 인포테인먼트 시스템이 인기다. 햅틱 피드백이 적용된 인포테인먼트 시스템은 사용자가 운전 중에 스크린을 보지 않고도 촉각적 느낌만으로 메뉴를 조작할 수 있도록 도와준다 – 옮긴이) 장치에 통합되어 운전자가 스크린을 보기 위해 도로에서 시선을 떼거나 산만해지는 상황을 피하게 한다. 촉각 경고 시스템은 청각 경고 신호와 비교할 때 여러 장점이 있다. 촉각 경고 시스템은 주변의 소음에 상대적으로 영향을 받지 않으며 차량의 다른 승객에게는 전달되지 않고 운전자에게만 효과적으로 전달될 수 있는데, 특히 운전자에게 방향 신호를 제시할 때 촉각 신호가 청각 신호보다 더 효율적이다. 이 촉각 경고 시스템은 디스플레이 기술이 어느 정도 안정화되고 광범위한 사용을 보장할 수 있는 수준으로 효과가 입증된 곳에서는 하나의 대표적인 응용이 될 수 있다. 예를 들어 2020년까지 새로 출시되는 거의 모든 자동차에는 운전자에게 경고 기능이 있는 촉각 디스플레이가 장착될 것으로 예상된다. 촉각 디스플레이를 적용하려는 다른 분야와 달리, 자동차 분야에서는 제조업체들이 특별한 교육이 없이도 운전자가 쉽고 직관적으로 사용할 수 있는 시스템을 요구하고 있다.

차량에 적용된 촉각 디스플레이는 대표적으로 두 가지 시스템이 있는데, 장애물이나 다른 차량이 근접해 있는 상황에서 졸거나 산만한 상태의 운전자를 경고하는 '충돌 회피 시스템collision avoidance system'과 '차선이탈 경고 시스템lane departure warning system'이 있다.[5] 촉각 디스플레이는 운전석, 안전벨트, 핸들, 풋 페달에 장착되어왔다. 충돌 회피 시스템은 운전자가 가장 일반적인 유형의 차량 사고 중 하나인 전후방 충돌을 피할 수 있게 설계되었다. 촉각 경고 신호는 잠재적으로 임박한 충돌에 대해 운전자에게 경고하는 효과적인 수단이 될 수 있지만, 이러한 임박한 충돌과 같은 상황에서는 자동차 경적 소리와 같은 청각 신호가 촉각 신호보다 효과적이다. 차선이탈 경고 시스템은 주로 좌석에 설치되며, 일부 차량에서는 핸들에 설치된다. 이때 진동하는 좌석이나 핸들의 양쪽 측면은 각각 차선이탈 방향을 나타낸다. 촉각 피드백을 적용한 두 경고 시스템 모두 운전자에게 경고를 표시하는 데 효과가 있다고 확인되었으며, 청각(소리)을 이용한 경고보다 반응 시간이 더 빠르다는 장점이 있다. 이러한 시스템의 대부분은 즉각적으로 작동하는 촉각 경고 신호를 사용한다. 단계적으로 변하는 촉각 경고 신호도 효과가 있고 불편한 느낌이 덜해서 사용 여부에 관심이 있긴 하지만, 이러한 신호는 운전자가 응답하는 데 시간이 더 오래 걸릴 수도 있다.

내비게이션

촉각 디스플레이 기술의 또 다른 성공적인 활용은 의도한 움직임의 방향을 표현하기 위한 공간적 신호의 수단으로 신체 자극 부위의 위치정보를 이용하는 것이다. 이러한 디스플레이는 벨트, 조끼 또는 손목 밴드 형태로 착용할 수 있으며, 익숙하지 않은 환경이나 깜깜한 밤처럼 시야가 제한되는 상황에서 길 안내를 돕기 위해 개발되었다. 지금까지 내비게이션용 웨어러블 촉각 디스플레이는 상업적으로 사용되는 제품의 개발보다는 주로 사용자가 필요로 하는 정보를 이해하는 데 중점을 두었다. 이 분야에서 촉각 디스플레이는 일반적으로 벨트나 조끼에 장착되는데, 신체에 밀착한 의복 내에 8~16개의 작은 진동모터로 구성된다. 이러한 디스플레이는 진동모터의 작동 시간과 위치를 약속된 순차에 따라 변화시켜서 착용자에게 정보를 전달한다. 사용자가 왼쪽 또는 오른쪽으로 이동해야 하는 경우, 신체의 해당 측면에 있는 모터가 활성화되거나 왼쪽 또는 오른쪽으로 향하는 공간적 순서에 따라 여러 모터가 순차적으로 작동할 수 있다(그림 10 참조).

한 예로, '촉각 상황 인식 시스템Tactile Situation Awareness System, TSAS'으로 알려진 웨어러블 촉각 디스플레이는 1990년대에 개발되어 미국 해군 조종사를 위한 항법 보조장치로 검증되었다. 한 프로토타입prototype(시제품 출시 전 단계의 기능이 갖추어진 '제품의 원형'을 의미한다. 생산 공정에서는 프로토타입을 '시작품試作品'이라 한다-옮긴이)은 22개의 공압식 구동기를 비행복으로 덧입혀진 조끼에 장착시키고, 압력의 세기가 변동하는 압축공기를 사용하여 구동기의 얇은 막membrane을 50헤르츠로 진동시켰다.[6] 촉각 상황 인식 시스템은 조종사에게 헬리콥터의 속도 방향과 크기에 대한 정보를 제공하여 호버링hovering(움직임 없이 기준점에 떠 있는 비행을 의미한다-옮긴이)을 제어할 수 있도록 설계되었다. 헬리콥터의 고도와 속도 센서에 연결된 컴퓨터가 비행체의 위치와 움직임을 촉각 신호로 변환한다. 이와 관련하여 조종사가 참여한 헬리콥터 시험 비행이 수행되었고, 이 시험은 비

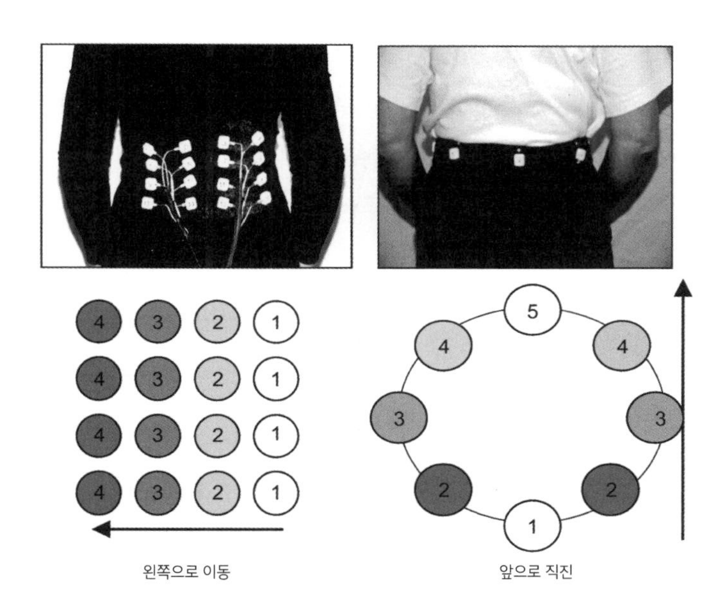

그림 10 등이나 허리에 착용이 가능한 진동촉감 디스플레이 장치는 사용자의 내비게이션을 보조하기 위하여 방향과 관련된 신호를 전달하는 데 사용될 수 있다. 아래쪽 그림처럼, 작동하는 모터를 순차적으로 설정하여 방향과 관련된 정보를 생성할 수 있다. 예를 들어 세로로 배열된 네 개의 모터가 등을 왼쪽으로 가로지르는 방향으로 순차적으로 동시에 작동하여 왼쪽 방향으로의 움직임을 디스플레이할 수 있다.

행체가 촉각 신호를 주로 사용하여 제어될 수 있음을 보여주었다(실제로 시각적 신호 의존도가 크게 감소함). 이로 인하여 복잡한 비행 작전 중에 기체에 대한 제어력이 향상되었을 뿐 아니라 촉각 상황 인식 시스템은 조종사의 작업 부하workload(작업자가 정해진 업무를 수행하기 위하여 요구되는 신체적, 정신적 일의 양을 의미한다 – 옮긴이)도 줄였다. 촉각 상황 인식 시스템 및 기타 상체에 적용하는 디스플레이는 몸통에 제공되는 촉각 신호를 이용하여 차량을 제어하고 방향을 유지할 수 있음을 보여주었다. 또한 이 연구는 비행체의 진동과 기타 형태의 주변 소음이 있을 때도 피부를 통해 조종사가 진동 촉각 신호를 인지할 수 있다는 것을 증명했다.

몸통은 자연스럽게 촉각 디스플레이를 부착할 수 있는 부위가 된다. 왜냐하면 몸통의 한 점이나 위치가 순차적으로 변하는 자극을 이용해서 방향을 인지하는 일은 매우 직관적이기 때문이다. 여러 개의 모터를 2차원적으로 배열한 후, 그림 10과 같이 작동하는 모터의 수, 위치, 동작의 지속 시간을 조절하여 사용자가 쉽게 배우고 반응할 수 있는 간단한 진동촉감 패턴을 만들 수 있다. 이러한 패턴은 내비게이션과 관련된 추가적인 신호를 제공할 수도 있는데, 예를 들어 디스플레이의 모든 모터를 동시에 활성화하여 사용자에게 정지를 의미하는 신호를 주거나 다른 모터들 사이의 작동 시간 간격을 바꾸면서 천천히 가라는 신호를 지시할 수도 있다. 이러한 디스플레이는 조명이 어둡거나 소음이 심한 상황처럼 시각이나 청각 신호를 이용한 소통이 제한되는 위험요인이 있는 환경에서 사용하기에 적합하다. 예를 들어 소방관이나 특수작전부대는 간단한 명령과 지시를 전달하기 위해 촉각 디스플레이를 사용할 수 있다.

햅틱 디스플레이

촉각 디스플레이는 피부에 대한 진동촉감, 전기 자극 촉감, 그리고 정적인 촉각 입력을 제공하지만 '햅틱 디스플레이'는 피부감각과 운동감각 모두를 대상으로 한다는 점에서 일반적으로 촉각 디스플레이와 구분된다. 햅틱 인터페이스를 통해 사용자는 실제 환경이나 가상환경에서 물체와 접촉하면서 무게나 강성과 같은 특성을 느끼고 물체를 직접 조작할 수도 있다.[7] 스타일러스(펜)나 장갑 형태로 생긴 인터페이스는 컴퓨터로 생성한 가상환경과 상호작용하는 데 사용되고, 외골격형exoskeleton의 인터페이스는 로봇을 원격으로 제어할 때 사용자의 손과 팔에 반력을 전달한다. 촉각 디스플레이와 달리 햅틱 디스플레이는 로봇이나 가상환경과 사용자가 양방향으로 상호작용할 수 있게 한다. 즉 사용자의 손의 위치(또는 힘)를 측정하는 동시에 사용자의 손의 힘(또는 위치)을 사용하여 전달한다. 예를 들면 전공의들이 다양한 수술 방법을 훈련하기 위해 가상의 수술 환경에서 사용하는 햅틱 디바이스를 이용하여 폐에 위치한 종양을 누를 때 사용자는 저항력을 느끼게 되는데, 이때 저항력의 크기는 종양을 누르는 깊이에 비례하여 발생한다. 이때 위치를 측정해서 그에 대응하는 힘을 피드백하는 장치를 '임피던스형impedance-type 햅틱 디바이스'라고 하고, 반대로 사용자의 힘을 측정해서 대응하는 위치를 피드백하는 장치를 '어드미턴스형admittance-type 햅틱 디바이스'라고 부른다. 임피던스형이 상대적으로 설계가 간단하고 제작 비용이 저렴하기 때문에 더 일반적으로 사용된다.

촉각 디스플레이와 마찬가지로 햅틱 디스플레이는 다양한 구동기 기술을 사용하지만, 이러한 장치의 경우 상당한 힘을 발생시켜야 하기 때문에 모터는 제어 대역폭bandwidth(대부분의 장치들은 동작 주파수를 올리면 일반적으로 성능이 감소하게 되는데, 대역폭이란 장치가 어느 수준 이상의 출력을 보장하는 동작 주파수 범위를 일컫는다 – 옮긴이)이 높고 크기도 더 크고 출력도 강력한 편이다. 브러시 형태의 전극이 사용되는 DC 모터는 가장 일반적으로 사용되는 구동기 기술이지만, 그 외에도 공압식, 유압식, 형상기억합금, 자기유변유체magnetocrheological fluid, MR Fluid를 이용한 구동기로 제작된 햅틱 디스플레이도 개발되어왔다. 햅틱 디스플레이에는 사용자의 손이나 말단장치end effector(로봇과 같은 장치의 말단 부분인 손, 집게 등을 일컫는다 – 옮긴이)의 위치를 측정하고 사용자가 피드백하는 힘을 제어하기 위한 위치 센서와 힘 센서가 내장되어 있다. 전원 및 전자 드라이버 장치는 구동기를 구동하고 센서를 작동시키며, 햅틱 디바이스와 컴퓨터 간의 통신을 가능하게 한다.

최적화된 햅틱 디바이스는 관성 질량이 낮고, 마찰력이 작고, 힘 대역폭 및 동적 범위가 높고, 역구동성backdrivability(로봇(햅틱 디바이스 포함) 등에서 출력 방향의 반대 방향으로 외력 등이 있을 때 부드럽게 반대로 움직일 수 있는 특성–옮긴이) 및 넓은 작업 공간workspace을 지닌다. 질량이 작으면 외골격형 장치처럼 신체에 착용이 가능한 모든 장치에서 사용자의 피로를 최소화할 수 있다. 특히 구동기의 경우 작고 가벼우며 강력한 디바이스를 위해서 질량 대비 부피 대비 힘을 최대화할 필요가 있다. 성능은 여전히 중요하지만 책상이나 바닥에 올려놓는 햅틱 디바이스의 경우 대부분 질량을 바닥의 표면이 지지하고 있으므로 질량이 작아야 할 필요성은 더 낮아진다. 작은 마찰력은 마찰력이 클 때는 드러나지 않는 상황, 즉 미세한 질감과 작은 상호작용력interaction force이 필요한 상황을 시뮬레이션할 때 햅틱 디바이스에 중요하게 요구되는 사양이다. 힘 대역폭이 높으면 사용자가 경험하는 힘이 안정적이고 끊김 없이 부드러운 것으로 느껴지게 된다(우리가 보는 영화가 일반적으로 1초당 24장의 개별 이미지(24fps)임에도 우리 눈에는 연속적인 영상으로 보이는 것처럼 촉각적으로도 1초에 1천 번에 가까운 개별 힘값을 재현하면 사람은 이를 연속적으로 부드럽게 변하는 힘으로 느낀다–옮긴이). 역구동성의 개념은 햅틱 디바이스에서 구동기의 특성 중 하나인데, 사용자의 움직임을 자연스럽고도 빠르게 따라 움직이도록 하는 것이다. 작업 공간은 햅틱 디바이스를 조작할 수 있는 공간의 전체 부피를 의미하는데, 사용자는 부피가 클수록 더 자연스럽게 움직일 수 있고 움직임에 대한 제약이 줄어든다.

햅틱 디바이스의 작업 공간은 부분적으로는 응용 분야를 반영한다. 예를 들어 로봇을 제어하기 위해 개발된 햅틱 디바이스는 인간 팔의 움직임을 로봇 팔의 움직임에 일대일로 연결하여 로봇을 제어해야 하므로 팔 전체의 움직임을 포함할 비교적 큰 작업 공간이 필요할 수 있다. 또한 햅틱 디바이스가 자유롭게 움직일 수 있는 손에 착용되는 경우, 장치의 질량은 중요한 고려 사항이 된다. 예를 들어 컴퓨터 이용 설계Computer Aided Design, CAD 또는 의료 훈련 시나리오와 같은 가상환경이나 시뮬레이션 환경에서는 손을 많이 움직이기 때문에 질량이 가볍고 성능이 더 좋은 소형 햅틱 디바이스가 더 많이 사용된다. 후자의 경우 가상환경과의 대부분의 상호작용은 주로 점에 기반point-based한다. 즉, 사용자는 햅틱 디바이스의 손잡이 부분에 있는 스타일러스나 골무 형태 인터페이스의 끝부분 점에 해당하는 부분과 원격(가상)환경 사이의 접촉만을 느끼게 된다.

햅틱 렌더링

가상환경에서 재현되는 햅틱 인터페이스와 그 환경에 존재하는 가상 물체 사이에서 상호작용력이 계산되는 과정을 '햅틱 렌더링haptic rendering'이라 한다. 햅틱 인터페이스는 하드웨어 장치와 소프트웨어로 구성되는데, 소프트웨어는 촉각적인 가상 물체와 가상환경의 속성을 정의하는 햅틱 렌더링 알고리즘을 구현하는 역할을 한다. 가상환경에서 사용자에게 제공되는 햅틱 피드백은 시뮬레이션 모델링과 제어 알고리즘에 기반한다. 가상환경 내에서 햅틱 디바이스를 대신하는 표현은 아바타avatar인데, 아바타는 햅틱 디바이스가 환경과 물리적으로 상호작용할 때 가상 공간 내에서 사용된다. 아바타는 응용 분야에 따라 달라지는데, 의료 시뮬레이션에서는 메스와 같은 수술 도구가 되고, 엔터테인먼트 응용에서는 장갑 등으로 표현된다. 물리적 모델링은 주로 뉴턴의 물리법칙에 따라 가상 물체의 동적 거동dynamic behavior을 수식적으로 묘사하는 데 중점을 둔다. 예를 들면 두 개의 단단한 물체가 충돌할 때 서로 뚫고 들어가지 않게 하거나 변형이 가능한 가상 물체를 잡으면 힘에 따라 물체의 특성과 동일하게 물리적 변형을 일으키게 한다. 도구를 이용하여 거친 표면 위를 가로지르며 문지를 때, 촉각적으로 렌더링되는 질감은 물체의 시각적 이미지와도 자연스럽고 일관된 느낌으로 사용자에게 전달되는 것이 중요하다. 이러한 물리적인 상호작용은 시각적으로나 햅틱적으로 모두 사용자에게 현실감을 주는 방식으로 전달되어야 하므로, 부딪히는 충격이 있는 순간의 충돌 응답collision response은 물체의 변형deformation이나 튕겨짐bounce 등의 여부도 보여준다.

햅틱 렌더링 알고리즘은 가상환경에서 물체와 아바타 사이의 충돌을 감지하고, 힘 응답force response 알고리즘은 충돌이 발생할 때 아바타와 가상 객체 간의 상호작용력을 계산한다. 이러한 힘은 햅틱 디바이스를 통해 사용자에게 전달된다. 충돌을 감지하고 상호작용력을 계산한 후 디바이스를 통해 전달하는 과정, 즉 피드백 루프feedback loop가 효과적이기 위해서는 대역폭이 높고 시뮬레이션의 지연 시간이 짧아야 한다. 햅틱 인터페이스가 효과적이기 위해 요구되는 최소 샘플링 속도sampling rate(본래 어떤 신호에 대해 1초당 표본을 추출하는 횟수를 의미한다. 피드백 루프가 1초당 반복되는 횟수를 의미한다 – 옮긴이)는 1킬로헤르츠다. 또한 계산상 물리적 렌더링 방법은 기하학적 형상에 기반한 모델링보다 더 많은 계산량을 요구한다. 기하학적 형상에 기반한 모델링의 경우, 햅틱 디바이스와 가상환경의 상호작용은 기하학적인 형상 조작에 기반하여 렌더링된다. 따라서 근본적인 기계적 변형을 계산하여 적용하기보다는 기하학적인 시각 표현 자체에 더 중점을 두므로 계산량이 적다.

응용 분야

햅틱 디바이스는 1950년대와 1960년대에 원격으로 조종되는 로봇 시스템teleoperated robotic system의 일부로 처음 개발되었다. 이 시스템에서 조작자는 마스터 암master arm을 제어하는데, 마스터 암은 원자력 발전소, 우주, 수중과 같이 위험한 환경의 현장에서 작업하는 슬레이브 장치slave device에 명령을 전달하는 역할을 한다. 마스터 암에는 슬레이브 장치의 센서에서 수신된 신호에 기반하여 조작자가 원격의 힘을 느끼게 하는 구동기가 장착되어 있다. 초기 햅틱 디스플레이 프로젝트 중 하나인 GROPE 프로젝트는 가상환경에서 상호작용하는 단백질 분자의 역장force field에 관한 정보를 제공할 수 있는 시각-촉각 디스플레이visual-haptic display 개발에 중점을 두었다. 이 야심찬 시도는 1990년까지 20년 이상 지속되었는데, 빨라진 컴퓨터 하드웨어를 사용할 수 있게 되면서 목표로 한 3차원 분자 도킹molecular docking 시뮬레이션을 구현할 수 있었다.[8]

햅틱 디바이스는 1980년대 후반과 1990년대에 조이스틱(예: 임펄스 엔진Impulse Engine, Immersion Corporation)[9]에서 골무와 스타일러스(예: 팬텀PHANToM, 구 SensAble Technologies/ 현 3D Systems)[10] 및 외골격(예: 사이버그래습CyberGrasp, CyberGlove Systems)에 이르기까지 다양한 형태로 상용화되어왔다. 이러한 힘과 토크(회전력)torque 피드백 장치는 링크 메커니즘linkage mechanism, 작업 공간, 자유도, 대역폭, 최대 힘, 강성에 따라 달라진다. 지오매직 터치Geomagic Touch(3D Systems, 구 SensAble의 팬텀PHANToM과 동일 제품) 또는 버츄오소Virtuose(Haption)[11]와 같은 직렬 연결serial-link 구조의 장치는 일반적으로 병렬 연결parallel-link 구조의 장치(예: 델타Delta 또는 오메가Omega 장치, Force Dimension)보다 큰 작업 공간을 가지는 데 반해[12], 병렬 연결 구조의 장치는 보통 더 큰 힘을 낼 수 있다. 이러한 장치 중 일부는 그림 11에 표시되어 있다. 대부분의 전자 기계 시스템과 마찬가지로 햅틱 디스플레이도 베어링bearing이나 케이블에 의한 마찰, 백래시backlash(기어와 같이 맞물려 작동하는 기계 요소에서 접촉 부위의 틈으로 인하여 운동 방향이 바뀌는 순간 구동력이 일시적으로 전달되지 않는 현상을 의미한다. 백래시는 회전각도를 측정하는 센서의 분해능 한계로 발생하기도 한다 – 옮긴이), 제한된 대역폭 등의 문제가 있다.

자기부상magnetic levitation에 기반한 햅틱 디바이스로는 2007년쯤에 상용화된 매그레브(Maglev, Butterfly Haptics)가 있다.[13] 이 장치는 기존의 전자기력(모터)에 기반하여 만든 장치의 몇 가지 한계를 뛰어넘었는데, 대역폭이 기존보다 훨씬 높고 위치 분해능이 매우 우수하기 때문에 기계적 백래시나 정지 마찰력이 거의 없다는 특징이 있다. 매그레브를 사용하면 조작자는 강한 자기장에 의해 공중에 부양되는 '플로터flotor'에 부착된 6의 자유도를 가진 핸들을 잡는다. 힘과 토크는 핸들로 피드백되는데, 움직임은 24밀리미터의 지름을 갖는 구형의 제한된 작업 공간 내에서만 이루어질 수 있다. 이 장치의 특징은 경조직hard tissue과 연조직soft tissue 모두를 시뮬레이션해야 하면서도 작업 공간의 크기가 제한적인 가상 수술이나 가상 치과 치료에서 호환되어 사용될 수 있다는 점이다.

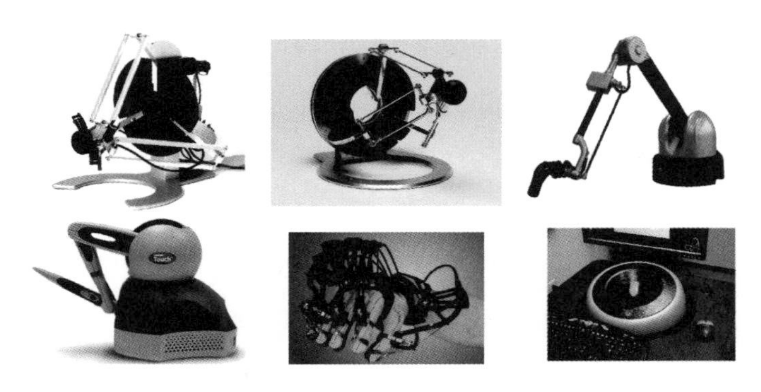

그림 11 상용화된 햅틱 디바이스들. 윗줄 왼쪽부터: 델타 6(delta.6, Force Dimension), 오메가 7(omega.7, Force Dimension), 버츄오소 6D 데스크탑(Virtuose 6D desktop, Haption). 아랫줄 왼쪽부터: 지오매직 터치(Geomagic Touch, 3D Systems), 사이버그래습(CyberGrasp, CyberGlove Systems), 매그레브(Maglev, Butterfly Haptics)

의료 분야

의료 분야에서는 훈련을 위한 가상현실 기술의 발달과 함께 생체조직의 기계적 특성을 가상훈련 시나리오에 반영하는 시뮬레이션 환경의 일부로 햅틱 디바이스의 개발이 필요해졌다. 이 시뮬레이터는 비용이나 안정성과 결부된, 동물이나 시신을 이용해 수술을 연습해야 하는 필요성을 줄여주었다. 의료용 시뮬레이터는 또한 실습생의 숙련도를 측정할 수 있는 기회를 주며, 실제 환자를 수술하기 전에 요구되는 역량의 수준을 지정하는 데도 사용될 수 있다. 외과의사인 리처드 셀저Richard Selzer는 자신의 저서인 《젊은 의사에게 보내는 편지Letters to a Young Doctor》에서 "매듭을 능숙하게 묶는 능력은 오직 매듭을 1만 번 묶어보는 것으로만 얻을 수 있다"라고 서술했다.[14]

촉각 상호작용haptic interaction은 의사가 신체 기관이나 생체 조직을 손으로 탐색하며 진단하는 촉진palpation에서부터 바늘을 조직에 삽입하고 매듭을 묶는 봉합, 신체를 통과해 목표한 위치에 도달하기 위한 내시경 기구의 조작에 이르기까지 여러 의학적 및 외과적 절차에서 필수적인 요소이다. 그러므로 이러한 상호작용을 효과적으로 시뮬레이션할 때에도 햅틱 감각을 고려해야 한다. 의료 및 수술에 적용하기 위해 개발된 햅틱 디스플레이는 일반적으로 체강 내에 바늘을 삽입하여 봉합하거나 내시경 기구의 조작을 시뮬레이션할 수 있는 형태인 말단장치와 같은 도구 기반tool-based 디스플레이다. 현재까지 이러한 작업의 대부분은 여전히 연구 단계에 있으며, 햅틱 디바이스도 대개 상용 제품을 사용한다. 햅틱 피드백이 있는 치과용 시뮬레이터는 치아에 대한 드릴링, 치아 우식증의 식별 및 제거와 같은 치과 시술 과정을 훈련할 수 있게 제작되었다.

햅틱 장갑은 뇌졸중이나 다른 신경계 장애로 인해 손을 움직이거나 감각을 느끼는 능력을 상실한 환자를 위해 손의 사용을 재훈련하는 것을 돕는 형태로 여러 임상 연구 환경에서 사용되었다. 햅틱 장갑은 움직임을 측정하고 사용자의 재활을 도울 수 있는 증강된 피드백을 제공하는 데 사용될 수 있다. 햅틱 장갑이 가상환경과 결합되면 일종의 게임을 만들 수 있는데, 환자가 병원이나 클리닉이 아닌 가정에서 개인적으로 운동을 할 수 있게 하여(재활에서 중요한 일이다) 설정된 목표를 달성하도록 환자를 독려할 수 있다.

엔터테인먼트

레이싱 및 비행 시뮬레이터를 위한 가상환경이 개발되면서 햅틱 디스플레이 기능이 있는 핸들이나 조이스틱 등이 제시되고 있다. 이러한 장치들은 진흙이나 물 위를 지나는 저항력이나 고속으로 곡선 도로를 회전하는 효과를 시뮬레이션하도록 자동차에 기반한 원심력을 생성한다. 크기와 힘, 성능에 대한 요구 사항으로 인해 이러한 시스템은 고가여서, 개인적으로 집에서 사용하지 않고 일반적으로 대규모 시설에서 사용되거나 훈련용으로 이용된다. 원심력 응용을 위해 이 장의 앞부분에서 자세히 설명했던 것처럼 대부분의 시스템은 접선력을 생성하기 위해 진동 모터 또는 피부를 늘이는 구동기를 이용하여 손에 촉각 피드백을 제공한다.

6

촉각 의사소통 시스템

감각에 장애가 있어 일상생활이 불편한 사람을 돕기 위해 촉각을 활용하는 것은 매우 자연스러운 일이다. 이번 장에서는 시각, 청각, 전정감각vestibular sense의 부족한 부분을 촉각을 통하여 보완하는 방법에 대해 설명하고자 한다. 시각장애인을 위해 글로 쓰인 문장을 점자를 사용하여 읽을 수 있게 하거나 주변 장애물에 대한 정보를 제공하여 안전하게 이동하는 것을 돕는 촉각 디스플레이가 개발되어왔다. 청각장애인을 위해서는 촉각 디스플레이를 사용해 주변 소리를 적절한 진동의 패턴으로 변환하여 피부를 통해 인지하거나, 다른 사람이 하는 말을 읽는speech reading 방법을 학습하도록 보조할 수 있다. 이러한 응용에서는 무엇보다 전달 가능한 정보의 양을 확대하는 것이 중요한데, 이는 적절한 촉각 어휘tactile vocabularies를 개발하는 것과 밀접한 관계가 있다. 촉각 아이콘Tacton('Tactile icon'의 줄임말. 특정 의미를 나타내는 짧고 간단한 촉각 신호를 의미한다-옮긴이)이라고 불리는 촉각 어휘를 만드는 것과 관련된 연구와 여러 문제를 소개하면서 이 장을 마무리 짓는다.

감각 치환

질병이나 외상에 의해 기능이 저하된 감각을 다른 감각을 사용하여 대체하거나 보완하는 것을 '감각 치환sensory substitution'이라고 지칭한다. 시각과 청각을 대체하기 위해서는 주로 시공간적 정보를 모두 처리할 수 있는 촉각을 활용한다. 인간의 시각 시스템은 외부 환경에 대한 공간적 정보를 매우 효과적으로 처리하므로 물체의 거리, 크기, 모양, 움직이는 방향 등을 인지하는 주요 수단이다. 하지만 우리에게 시각을 사용하여 사건 간의 시간 차이를 인지하는 능력인 시간적 구별력temporal discrimination은 상당히 떨어진다. 그래서 우리는 정교하게 발달된 청각을 가지고 있다. 음성이나 음악에 대한 인간의 훌륭한 인식 능력이 그 좋은 예다. 두 개의 짧은 소리를 구분하기 위해서는 1.8밀리초 정도의 시간차만 있어도 충분하다. 반면에 피부를 자극하는 짧은 맥박 두 개를 구분하기 위해서는 10밀리초 정도의 시간차가 필요하다.

점자는 가장 오래되고 성공적인 감각 치환 방법으로, 시각장애인은 점자를 사용해서 손가락 끝을 자극하는 촉감으로 보통 시각을 통해 처리되는 정보(문서)를 이해할 수 있다. 이 촉각 자모tactile alphabet는 세 살에 사고로 시각을 잃은 루이 브라유Louis Braille가 19세기 초에 발명했다. 이 점자는 3×2 형태로 배열된 여섯 개의 점을 사용하며, 각 점은 돌출되었거나 돌출되지 않았거나의 두 가지 상태를 표현한다. 이는 프랑스 육군 대위였던 찰스 바르비에Charles Barbier가 고안한 6×2 배열의 12점 자모를 더 간단하게 만든 것이다. 이 의사소통 방법은 야간 글쓰기night writing라고 불렸는데, 당시 어두운 밤에도 군인이 소리를 내지 않고 전투 명령을 읽을 수 있도록 고안되었다. 루이 브라유는 바르비에 자모의 두 가지 단점에 주목했다. 첫 번째로, 12점 배열 자모의 크기는 손가락 끝의 크기에 비해 너무 커서 이를 읽기 위해서는 상하방향으로 손가락을 움직이며 자모를 만져야 한다는 문제점이 있었다. 두 번째로, 바르비에 자모의 각 패턴은 음운을 나타냈는데, 이보다 글자를 나타내는 것이 오히려 더 이해하기 쉬웠다. 여러 시행착오를 통해 루이 브라유는 시각장애인을 위한, 논리적으로 구성되어 있고 어떤 언어도 기록할 수 있는 새로운 자모를 발명했다. 현재 사용되는 점자 간의 거리는 2.28밀리미터이며, 점의 높이는 인쇄 재료에 따라 0.38밀리미터에서 0.51밀리미터 사이의 값을 가진다. 이는 브라유가 만들었던 원래 구조와 매우 유사하다. 이 값들은 점자로 된 문서를 읽는 속도와 정확성 측면에서 최적화된 것이라고 알려져 있다.

점자는 정적인 정보 제시 장치이다. 시각장애인이 점자로 표시된 글을 읽고자 할 때에는 손가락으로 점자를 왼쪽에서 오른쪽으로 만지면서 한 줄 한 줄 의미를 해석한다. 대부분 한 손보다 두 손 모두를 사용하는 것을 선호하며, 양손 읽기가 한 손 읽기보다 더 빠르다. 양손으로 읽으면 줄 바꿈을 더 신속하게 할 수 있기 때문이다. 한 손은 문자 정보를 해석하는 데 사용하고, 다른 손은 글자나 단어 간의 간격과 같은 공간적인 정보를 처리하거나 문자 정렬을 확실하게 확인하기 위해 사용한다. 숙련된 사용자는 초당 약 두 단어 정도의 점자를 해독할 수 있는데, 이는 영어 문장을 눈으로 읽을 때 일반적으로 초당 약 다섯 단어 정도를 읽을 수 있는 것과 비교하면 4분의 1에서 2분의 1 정도의 속도에 해당한다.[1] 이 속도로 점자를 해석하면 한 개의 손가락으로 60초에 100~300개의 점자를 읽을 수 있다. 최근에는 시각장애인이 컴퓨터나 모바일 기기의 화면에 표시된 글을 읽을 수 있도록 갱신이 가능한 전자 점자 디스플레이가 개발되었다. 이 장비는 점자의 점을 표현하기 위하여 상하로 움직이는 핀을 사용하며, 컴퓨터 화면의 문자를 모델에 따라 한 줄에 40~80개씩 점자로 표시해준다.

지난 수년간 시각장애인에게 시각적 정보를 제공하기 위한 장비가 다양하게 개발되었다. 이러한 시스템은 일반적으로 카메라를 사용하여 영상을 얻고, 이를 컴퓨터로 처리하여 2차원 촉각 패턴으로 변환한 후, 그 결과를 진동 모터의 배열을 사용하여 사용자의 몸에 전달한다. 좋은 예로 블리스Bliss가 1960년대에 개발한 옵타콘Optacon(Optical to Tactile Converter)이 있다. 이 장비는 인쇄된 글자를 24×6의 핀 배열을 사용하여 손가락 끝에서 느끼는 진동 패턴으로 변환한다.[2] 한 손에 소형 카메라를 들고 글을 스캔하면, 촉각 디스플레이는 인식된 글자 크기 정도의 촉감 패턴을 다른 손의 손가락 끝에 제시한다. 점자에 아주 익숙한 시각장애인의 독해 속도(분당 60~80개의 단어)에 비해 매우 느리기는 하지만, 옵타콘은 시각장애인이 문자와 그림을 직접적으로 이해할 수 있게 한 최초의 장비 중 하나다. 1970년과 1990년 사이에는 15,000개 이상의 옵타콘 장비가 판매되었다. 하지만 1990년대 중반부터는 광학 문자 인식 기능을 갖추어 시각장애인이 사용하기 더 쉽고 가격도 더 저렴한 단위 스캐너가 옵타콘의 대체품으로 사용되기 시작했다. 현재는 이러한 장비를 사용하는 경우는 드물고, 음성 합성기와 화면 읽기 기술이 주로 사용된다.

폴 바크 이 리타Paul Bach-y-Rita와 동료들은 1960년대 후반에 시각장애인의 이동성을 향상하기 위해 훨씬 큰 시스템을 설계하고 개발했다. 이 시스템은 시각장애인이 당면했던 치명적인 이동성 문제, 즉 걸어다닐 때 주변의 장애물을 감지하고 그 장애물이 무엇인지 알아내고 필요하면 이를 회피하는 방법을 다루고 있다. 이 시스템은 촉각활용 시각치환 시스템Tactile Vision Substitution System, TVSS이라고 명명되었으며, 전하 결합 소자Charge-Coupled Device, CCD 카메라로 촬영한 영상을 400개의 진동 모터가 부착된 의자를 통해 사용자의 등에 전달한다. 사용자는 간단한 모양과 선의 방향을 인식할 수 있었으며, 광범위한 훈련을 받은 후 일반적인 물체의 촉각 영상도 식별할 수 있었다. 1960~1970년대의 촉각활용 시각치환 장비는 제한적인 공간적 분해능을 가지고 있었고 동적 범위도 낮았다. 또한 사용하기 불편하고 소음이 심하며 전력을 많이 사용하는 문제점 때문에 시각장애인의 이동성을 향상하는 데 중요한 역할을 하지는 못했다.[3] 근래에는 원격으로 조종하는 이동로봇이나 사용자의 머리에 착용하는 소형 카메라를 사용한다. 카메라로 기록한 영상은 사용자의 몸에 부착된 다수의 전극이나 진동 모터를 구동하기 위한 신호로 변환된다. 한 예로 브레인포트라는 장비는 카메라로 얻은 영상의 픽셀을 강하거나 약한 전기충격으로 바꾸어 사용자가 혀로 감지할 수 있게 한다. 이 전기촉감 디스플레이는 입 천장에 부착하며, 지팡이를 사용하거나 안내견과 다니는 시각장애인이 이동하는 중에 주변 물체의 위치, 크기, 모양을 파악하는 것을 도울 수 있게 고안되었다.[4] 이러한 촉각활용 시각치환 시스템의 흥미로운 점은 집중적인 훈련을 거치면 사용자는 등, 혀, 복부에 촉각 자극으로 그려지는 물체가 자신의 전방에 일정 정도 떨어져 있다고 인식한다는 것이다. 이러한 현상을 원위 귀착distal attribution이라고 부른다.

청각장애인을 위한 촉각 시스템

청각장애인을 위한 촉각 의사소통 시스템은 청각과 언어 장애가 있는 어린이에게 말하는 법을 가르치기 위해 피부에 전기 자극을 주는 형태로 1930년대에 처음 개발되었다. 근래의 촉각-청각 치환 보조장치는 주로 두 가지 방식으로 사용된다. 첫 번째는 문 두드리는 소리, 아기가 우는 소리 등 주변 환경에서 발생하는 소리를 마이크로 감지한 후 이를 시간에 따라 변하는time-varying 패턴으로 변환하여 피부를 자극하는 것이다. 예를 들어 발자국 소리는 일련의 짧은 저주파수 펄스로 표현하고 화재 경보는 연속적인 고주파수 진동으로 나타낼 수 있으며, 이러한 신호를 손목을 감싸는 장비를 사용하여 제공할 수 있다. 두 번째로 촉각 디스플레이를 사용하여 음성 신호의 특정한 부분을 전달하면 청각장애인이 음성을 이해하거나 청각과 언어 장애가 있는 어린이가 말할 때 발음을 더 분명하게 하도록 도울 수 있다. 이때 음절과 음운의 강도, 길이와 같은 변수는 저주파수 대역에서 작동하는 진동자 한 개를 사용해서 부호화하고, 마찰음([f], [th])이나 무성음([p], [t]) 같은 자음의 세세한 음운학적 특징은 고주파수 진동을 통해 팔의 다른 부위에 전달할 수 있다. 이러한 촉각 보조장치의 장점을 최대한으로 누리려면 장기간의 훈련이 필요하긴 하지만, 이러한 시스템은 청각장애인이 음성을 이해하는 학습에 유용하다는 것이 증명되었다. 장기간의 훈련이 필요한 이유는 소리 정보와 해당 촉각 신호 간의 관계가 상당히 임의적이지만 사용자는 그 관계를 반드시 명시적으로 배워서 기억하고 있어야 하기 때문이다.

시청각장애인을 위한 촉각 시스템

시각과 청각 모두가 불편한 사람을 위해 햅틱 감각의 능력을 절묘하게 잘 활용하는 감각 치환 방법으로 타도마Tadoma라는 것이 있다. 그림 12와 같이, 타도마 방법을 사용하는 사람은 손을 화자의 얼굴에 대고 발화를 위한 발성 동작을 주의 깊게 느끼며 관찰한다. 이 방법은 1890년대에 노르웨이의 한 교사에 의해 개발되었다고 알려져 있다. 미국에서는 1920년대에 소피아 알콘Sophia Alcorn이 태드 채프먼Tad Chapman과 오마 심슨Oma Simpson이라는 두 명의 시청각장애아동을 교육하기 위해 처음 사용하였다. 타도마란 명칭도 이 두 아이의 이름을 합쳐서 만든 것이다. 타도마 사용자는 발화과정에서 발생하는 몇몇 물리적

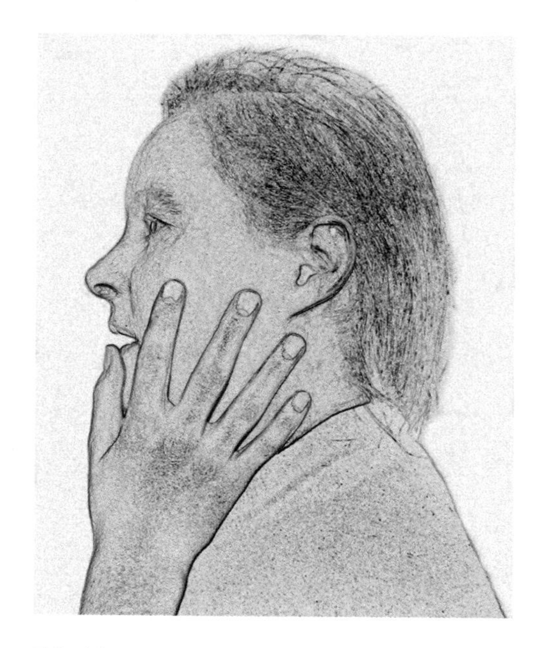

그림 12 말을 이해하기 위한 타도마 방법에서 사용하는 손의 위치. 손가락을 통해서 입술과 턱의 상하, 전후 운동, 후두의 진동, 입에서 나오는 공기의 흐름을 감지한다(옥스퍼드 대학 출판사의 허락을 받아 게재. 2006년에 발간된 존스Jones와 레더만 Lederman의 책에서 발췌[5]).

신호의 특성을 감지한다. 입술에 올려놓은 엄지손가락을 통해서 공기의 흐름을 느끼고, 다른 손가락을 사용하여 화자의 목 부근에서 발생하는 후두의 진동 및 입술과 턱의 전후, 상하 동작을 인식한다. 타도마 사용자의 손에 제공되는 햅틱 정보는 다차원적이지만, 그 해상도가 충분히 높아 사용자는 공기의 흐름이나 입술 동작의 미묘한 변화도 감지하고 언어의 한 요소로 해석할 수 있다.

타도마에 고도로 숙련된 시청각장애인의 언어 수신능력은 주변 소음이 낮은 상태에서 정상인이 언어를 이해하는 능력과 필적한다. 이례적일 정도로 타도마에 능숙한 사용자가 존재한다는 것은 순수하게 햅틱 신호만을 사용해서 말을 이해할 수 있음을 입증한다. 하지만 대부분의 시청각장애인은 타도마를 그 정도 수준까지 익히지 못하며, 의사소통을 위해 말하는 사람의 얼굴에 손을 올려놓으려면 서로 상당히 친한 사이여야 하므로 이를 일반적인 사회적 상호작용에 사용하기에는 큰 제약이 따른다. 그럼에도 불구하고 타도마는 현재까지 개발된 어떤 인공적 촉각 정보 디스플레이보다 그 성능이 뛰어나며, 햅틱 감각을 통한 언어 소통의 가능성을 실증했다.[6]

시청각장애인이 자주 사용하는 촉각을 이용한 또 다른 의사소통 방법은 햅틱 정보를 통해 수화를 인식하는 것이다. 수화를 이미 배운 청각장애인이 추후에 시각까지 잃게 된 경우에 이 방법을 사용하는 경우가 많다. 시청각장애인은 수화자의 손 위에 자신의 손을 올리고 수화자가 손을 움직이면 이를 수동적으로 느끼면서 수화를 인식한다. 수화를 눈으로 보고 인식할 때보다 손으로 느끼면서 인식할 때 당연히 속도가 더 느리고(평균적으로 눈의 경우 초당 2.5개의 수화, 손의 경우 초당 1.5개의 수화를 인식), 오류도 더 빈번하게 발생한다.[7] 하지만 이 햅틱 의사소통 방법에 익숙한 시청각장애인에게는 효과적이며, 충분히 사용할 만한 정확성을 제공한다.

전정기관장애를 위한 촉각 보조도구

소실된 감각을 보완하기 위하여 촉각 신호를 사용하는 세 번째 경우는 몸의 균형과 자세 조절을 담당하는 **전정기관계**vestibular system에 관한 것이다. 부상이나 질병으로 인해 전정기관계가 비정상적으로 작동하면 이 기관에서 생성하는 자가운동self-motion 신호가 약해질 수 있다. 이 신호는 사람이 움직일 때 눈으로 보는 시각 정보를 안정시키는 데 필요하므로 자가운동 신호가 약해지면 어지러워지거나 시야가 흐려지고, 걷거나 서 있을 때 문제가 생긴다. 촉각 신호를 사용하는 균형 보형물balance prostheses의 주기능은 몸의 흔들림을 감소시켜 넘어짐을 방지하는 것이다. 이 장비는 머리나 몸의 기울어진 정도를 측정하기 위하여 가속도계나 자이로스코프Gyroscope와 같은 미세전자기계 시스템Microelectromechanical System, MEMS을 기반으로 한 센서를 사용한다. 센서의 출력은 신호처리기에 의해 변환되어 사용자의 등에 부착된 촉각 제공 장치의 진동자를 구동한다. 몸의 기울어진 각도나 각속도angular velocity가 정해진 임계치를 넘어가면 넘어질 위험이 증가했다고 판단하고 진동자를 구동시킨다.

이때 구동된 진동자의 위치는 몸이 기울어진 방향을 나타낸다. 이 장비는 촉각 신호를 제공하여 균형 장애를 가진 사람의 몸의 기울어짐이나 과도한 흔들거림을 줄여서 넘어지지 않게 하는 것을 목적으로 한다.[8]

사용자가 촉각 치환 시스템을 사용하여 효과를 보려면 대부분의 경우 상당한 훈련이 필요하다. 특히 촉각 신호와 시각 혹은 청각 신호와의 대응 관계를 임의적으로 설정한 경우가 많다. 이때 인간의 촉각 인지에 대한 연구를 적절하게 참조하면 한 감각에서 다른 감각으로의 신호 치환을 최적화하기 위한 통찰력을 얻을 수 있고, 이를 활용하여 사용자의 훈련에 필요한 기간을 줄일 수 있다. 어떤 장비에서는 촉각 신호와 그 의미에 대한 대응 관계가 매우 직관적이다. 특히 공간적인 정보에 관해 그러한데, 이는 사람이 매우 자연스럽게 몸 위에 있는 각 점을 외부 공간의 표현과 연관시킬 수 있기 때문이다. 예를 들면 전정기관 보형물을 사용하여 몸의 우측에 촉각 신호를 가하는 경우는 사용자의 몸이 오른쪽으로 너무 많이 기울어져 있다는 것을 뜻한다. 하지만 청각장애인이 입술을 읽어서 말을 이해하는 것을 보조하기 위한 진동 장치를 사용하는 경우에 촉각 신호와 해당 입술 움직임의 대응 관계에 특별한 규칙이 없으며, 이는 다른 사례에서도 자주 나타나는 문제점이다.

촉각 어휘

점자는 촉각 의사소통 시스템의 한 예로, 손가락으로 점자를 만지면 손가락 끝이 점자 모양에 따라 오목한 형태로 파이고, 이를 글자나 문법 기호로 해석하여 시각장애인이 단어를 읽을 수 있게 한다. 지난 수년간 누구나 눈이나 귀처럼 피부를 의사소통의 매체로 사용할 수 있는지, 만약 그렇다면 이를 위해 촉각 어휘를 어떻게 개발할 것인지가 이 분야의 관심사였다. 1950년대 후반 버지니아 대학의 심리학자인 프랭크 겔다드Frank Geldard가 바이브라티즈Vibratese라고 이름붙인 촉각 언어를 고안했다. 이 언어는 진동 자극의 세 가지 기본 성질인 진폭, 길이, 위치를 변화시키고 조합하여 만든 45개의 기본 원소로 구성되었다. 여기에 주파수를 포함시키지 않은 이유는 기존 연구 결과에 따르면 진동의 주파수와 진폭이 종종 혼동되기 때문이었다. 예를 들어 주파수를 고정시키고 진폭을 증가시키면 사람은 진동의 주파수와 진폭이 모두 변하는 것으로 인식한다. 따라서 촉각 의사소통 시스템을 만들기 위해서는 진폭이나 주파수 중 하나를 선택하여 사용할 수 있지만, 둘 다 사용할 수는 없다. 또한 촉각으로 정보를 전달하기 위해 진동의 파형을 변화시키는 것은 그다지 유용한 방법이 아니다. 소리의 경우 파형을 변화시키면 사람은 음색이 달라지는 것을 매우 잘 인지하지만, 촉감을 통한 파형

인지 능력은 현저히 떨어진다. 겔다드는 촉각 언어를 설계하기 위해 세 단계의 진폭(강, 중, 약), 세 가지의 지속 시간(0.1, 0.3, 0.5초), 그리고 진동 모터를 부착하는 가슴팍의 위치 다섯 부위를 선정했다. 이를 조합하면 모두 45가지의 원소가 나오는데, 이를 모든 영문자와 숫자, 그리고 'in', 'and', 'the'와 같이 자주 사용되는 짧은 단어에 대응하여 표현했다. 어떤 사람은 바이브라티즈 자모를 30시간 동안 배우고 35시간 동안 연습을 한 후, 다섯 글자 단어를 분당 38개나 인식할 수 있었다.[9] 촉각으로 모스 코드를 익힌 사람이 보통 분당 18~24개의 단어를 인식할 수 있는 것과 비교하면 이것은 상당히 우수한 성능이다. 바이브라티즈가 이전보다 더 개선되지는 않았지만 피부를 통한 정보전달에 대한 연구는 계속되었으며, 특히 2000년대 초반에 전자기기와 착용형 장치에 탑재할 수 있는 저렴하고 작은 진동 모터가 등장하면서 큰 관심을 끌었다.

근래에 진행된 촉각 의사소통 시스템에 관한 연구는 바이브라티즈와 같이 단어 내의 각각의 자모를 전달하는 것보다는 단어나 개념 자체를 의미하는 촉각 신호를 만드는 것에 더 집중했다. 이러한 촉각 신호를 시각, 청각 아이콘처럼 촉각 아이콘이라고 부른다. 같은 단어를 촉각을 통해 제공하려면 시각이나 청각보다 한참 더 오래 걸리므로, 촉각 아이콘을 사용한 접근방식에서는 단어를 표현하는 데 필요한 시간을 중요시한다. 바이브라티즈를 사용해서 일반적인 다섯 글자의 영어 단어를 표현하려면 약 0.8초가 걸리고, 이는 1분에 최대 67개의 단어를 전달할 수 있는 수준이다. 만약 단어를 구성하는 개별 문자를 통해서가 아니라 단어 자체나 개념을 촉각 신호 하나로 직접 표현할 수 있다면, 촉각 통신의 정보 함유량은 극적으로 증가할 수 있다. 중요한 점은 촉각 아이콘이 배우고 기억하기 쉬워야 하며, 가능하면 직관적인 의미를 가지고 있어야 한다는 것이다. 예를 들어 긴급한 정도나 우선순위를 이해하기 쉽게 표현하는 촉각 아이콘을 만들려면 진동의 리듬을 변화시키는 것이 좋은 방법이다.

그림 13에서 알 수 있듯이, 사용자의 주머니 속에 있는 휴대전화가 진동할 때, 당신이 느끼는 진동은 주파수, 진폭, 길이를 이용하여 묘사할 수 있다. 그리고 이 세 가지의 변수를 변화시켜 다른 패턴을 지니는 진동이나 촉각 아이콘을 생성할 수 있다. 예를 들어 강도가 약하고 주파수가 낮은 진동은 친구에게서 걸려온 전화, 강도가 강하고 주파수가 높은 진동은 직장 상사에게 걸려온 전화로 나타낼 수 있다. 기억하고 식별하기 쉬운 촉각 아이콘을 설계하려면 하나의 변수보다는 강도, 주파수, 길이 등 여러 변수를 모두 변경하는 것이 바람직하다.

진동의 어떤 성질은 사용자가 더 분명하게 인지할 수 있다. 예를 들어 진동이 가해진 몸의 부위를 식별하는 것은 아주 쉬우므로, 몸 전체의 여러 부위에 진동을 가할 수 있는 촉각 장치(예를

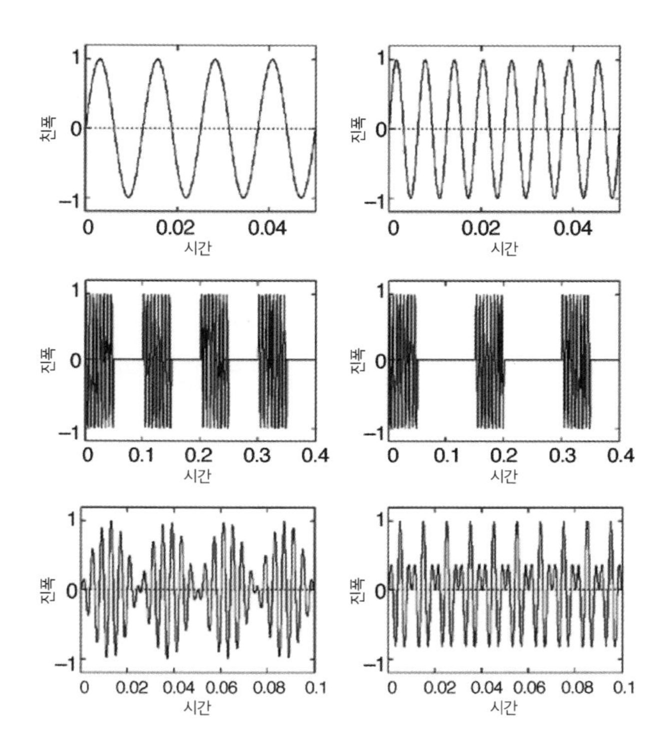

그림 13 촉각 아이콘을 설계할 때 사용할 수 있는 진동 촉각 신호의 변수로 주파수, 신호의 길이(혹은 반복률), 파형의 복잡도 등이 있다. 좌측 그림은 20헤르츠의 파형 신호(상단)에 250헤르츠의 기본 신호(중단)를 곱하여 변조한 결과(하단)를, 우측 그림은 같은 작업을 50헤르츠의 파형 신호를 사용하여 수행한 결과를 보여준다. 좌측 하단의 진동이 오른쪽 하단의 진동에 비해 더 거칠게 느껴진다(인간 요소와 인간공학회The Human Factors and Ergonomics Society의 허가를 받아 게재. 존스Jones와 사터Sarter의 2008년 논문에서 발췌[10]).

들어 옷에 다수의 진동자를 부착하는 장치)를 사용하면 진동의 공간적 위치를 촉각 아이콘을 설계하기 위한 기본 변수로 활용할 수 있다. 반면 진동의 또 다른 성질은 사용자가 식별하기 훨씬 더 어렵다는 사실을 유념해야 한다. 대표적으로 진동 강도가 좋은 예인데, 일반적으로 촉각 아이콘을 설계할 때 세 단계 이상의 강도를 사용하지 않기를 권한다. 진동의 파형을 간단하게 변화시키는 정도는 인지하기 어렵지만, 기본 신호의 주파수를 변경하면 거칠기가 다르게 느껴지는 촉각 패턴을 만들 수 있다. 20헤르츠의 파형 신호에 250헤르츠의 기본 신호를 곱해서 생기는 진동 자극은 50헤르츠의 파형 신호를 사용하여 변조한 진동 자극에 비해서 더 거칠게 느껴진다(그림 13 참고). 이 방법으로 사용자는 큰 노력을 들이지 않고도 촉각 아이콘을 쉽게 식별할 수 있다.

촉각 아이콘에 관한 대부분의 연구에서는 8~15개 정도의 어휘를 설계한 후 사용자가 대응 관계를 학습하게 하고 실험을 실시하여 촉각 어휘를 식별하는 능력을 측정했다. 이 정도 양의 촉각 아이콘에다가 상당히 짧은 학습 시간이 주어졌을 때 식별 성능은 보통 70~80퍼센트 정도로 나타났다. 그러므로 시각이나 청각 신호를 전혀 사용하지 않고 사용자가 쉽게 배우고 기억할 수 있는 촉각 어휘를 다수 만드는 것은 상당히 어려운 문제다. 이는 두 개의 자극을 비교하여 '같다/다르다'는 판단을 내리는 것보다 단독으로 주어진 자극이 무엇인지 식별하는 것이 훨씬 어렵기 때문이다. 예를 들면 가장 약한 자극과 가장 강한 자극 사이에 강도가 다른 자극을 여러 개 만들어 순차적으로 제시하면 사람은 약 15단계 정도의 강도 차이를 구분할 수 있다. 하지만 강도를 독립적으로 식별해야 하는 경우, 강-중-약의 3단계 정도밖에 알아내지 못한다(사람에게 두 개 혹은 더 많은 자극을 주고 같은지 다른지 구별discrimination하는 것과, 단 한 개의 자극을 주고 이 자극의 정체를 식별identification하는 것의 차이에 대해 설명하고 있다. 예를 들어 색이 다른 종이 두 장을 주고 색이 같은지 다른지 물어보는 것은 전자의 경우이고, 한 장의 종이를 주고 색깔이 무엇인지 물어보는 것은 후자의 경우이다. 각각을 구별(구분)과 식별이라는 단어를 사용하여 번역했다 – 옮긴이). 마찬가지로 촉각 아이콘의 길이는 일반적으로 0.1초에서 2초 사이인데, 이 범위에서 약 25개의 길이를 구별할 수 있으나 정체를 정확히 식별할 수 있는 것은 4~5개 정도에 불과하다.

이외에도 촉각 의사소통 시스템에 사용될 수 있는 다른 촉각 자극 방법이 활발하게 연구되었다. 특히 촉각 자극을 여러 개 연속적으로 피부에 가할 때 자극을 가하는 시간과 자극이 인지되는 위치와 움직임 사이의 관계를 분석하는 연구가 활발히 진행되었다. 4장에서 설명했듯이 이러한 효과는 사실 일루전을 이용하는 것이지만, 촉각 아이콘 설계에 활용할 수 있는 촉각 움직임tactile motion을 생성하는 데에 사용하기 좋다.

7

서피스 햅틱스

키보드로 타이핑하는 것처럼 촉각 자극을 경험하는 것이 익숙한 상황에서 촉각 피드백tactile feedback을 제공하지 않는 장치가 다수 등장하면서 이 단점을 해결하기 위한 '서피스 햅틱스surface haptics'라는 새로운 분야가 탄생했다. 이 분야에서는 터치스크린과 같은 직접 접촉식 사용자 인터페이스direct-touch user interface의 물리적 표면 위에 가상의 햅틱 효과를 생성하여 덧입히는 방법을 연구한다. 이번 장에서는 평면을 만지는 손가락에 작용하는 마찰을 변화시켜 햅틱 효과를 생성하는 가변 마찰 디스플레이variable friction display(서피스 햅틱스가 등장하면서 개발된 햅틱 장치의 대표적인 종류. 다른 종류의 장치도 서피스 햅틱스에 사용된다–옮긴이)의 구현에 관련된 기술과 도전에 대해서 살펴본다. 평면 스크린 장치에 이러한 촉각 피드백을 결합하는 것은 사용자 인터페이스의 효과를 결정적으로 발전시키는 데 매우 중요하다.

요즘엔 터치스크린을 장착한 태블릿과 휴대전화가 대중화되어서 키보드나 컴퓨터 마우스를 사용하지 않아도 화면 위의 가상 단추나 키를 가볍게 누르면 원하는 기능을 쉽게 실행할 수 있다. 이러한 경우에 햅틱 피드백이 없으면 사용자가 원하는 동작이 인식되거나 수행되는지의 여부를 곧장 알 수 없고, 시각적으로 관련 정보를 제공하더라도 손으로는 느낄 수 없으므로 종종 문제가 된다. 또한 여러 터치스크린은 사용자가 쉽게 사용할 수 있도록 동작 인식을 지원한다. 표면 위에 손가락을 대고 옆으로 쓰는 동작이나 특정 영역을 확대해서 보기 위해 엄지와 검지 사이를 벌리는 동작 등이 바로 여기에 해당한다.

평면 스크린 장치의 단점을 보완하기 위해 새로운 종류의 햅틱 장치가 개발되었다. 이 장치의 기본 원리는 손가락 끝과 평면 디스플레이 사이에 작용하는 수평 방향의 마찰력을 제어하는 것이다. 따라서 이 장치는 '가변 마찰 디스플레이'라고 불린다. 이 기술을 기존 태블릿이나 휴대전화의 스크린에 부가하는 것이 상대적으로 용이하기 때문에 여러 관심을 받고 있다. 가변 마찰 디스플레이는 손가락으로 평면 위를 만질 때 손가락에 작용하는 수평력을 변화시켜 가상의 질감이나 다른 특성을 가지는 표면을 만지는 듯한 느낌을 생성할 수 있다. 그러므로 이 장치는 특정 성질을 시각과 햅틱 감각 모두로 나타낼 수 있다. 이 특징으로 인해 움직임에 저항하다가 놓으면 원래대로 돌아가는 슬라이더slider나, 선택되면 손가락을 '잡고 놓지 않는 듯한' 질감을 주는 가상 단추 등을 구현할 수 있다. 5장에서 설명한 다른 햅틱 장치와 달리 서피스 햅틱 디스플레이는 주로 시각 디스플레이와 같은 위치에 위아래로 겹쳐 놓은 상태로 사용된다.

가변 마찰을 사용한 서피스 햅틱스 기술에는 크게 두 가지 종류가 있다. 하나는 초음파 진동ultrasonic vibration을 사용하는 것이고, 다른 하나는 전기 진동electrovibration을 사용하는 것이다. 두 가지 방식 모두 손가락 끝과 터치스크린 표면 사이에서 사람이 인지하는 마찰력을 변화시킬 수 있다. 두 기술의 효과는 서로 다른데, 초음파 진동을 사용하면 표면의 마찰을 감소시킬 수 있고, 반대로 전기 진동을 사용하면 마찰을 증가시킬 수 있다. 표면 위에 놓인 손가락의 위치를 측정하는 것은 두 가지 방식 모두에 공통적으로 필요하다. 초음파 진동 기기에서는 압전 구동기를 사용하여 초음파 영역인 30킬로헤르츠 정도까지의 주파수로 표면을 진동시킨다. 그러면 손가락이 표면에 실제로 접촉해 있는 시간이 줄어들게 되고, 이로 인해 마찰이 감소한다. 초음파 진동 자체는 느끼지 못하지만, 초음파 진동의 진폭이 약 ±3마이크로미터 정도 증가하면서 손가락과 표면 사이 마찰력이 감소하는 것은 충분히 인지할 수 있다. 이런 조건에서 측정한 마찰력 값을 보면 표면 위를 움직이는 손가락에 작용하는 마찰력이 95퍼센트 정도나 감소한다고 한다.

마찰력이 감소하는 원인을 설명하기 위해 두 가지의 메커니즘이 제시되었다. 첫 번째 메커니즘은 손가락이 표면 위를 움직일 때 초음파 진동에 의해 위아래로 튀는 듯한 운동을 하게 되는데, 이로 인해 접촉이 지속적으로 유지되지 않고 간헐적으로 이루어진다는 것이다. 두 번째 메커니즘은 압착 필름 효과squeeze film effect라고 불리는데, 표면이 빨리 진동하면서 손가락과 표면 사이에 공기가 갇혀서 압력을 가지는 압착 필름(공기층)이 생기고, 이 압착 필름이 마찰을 감소시키는 역할을 한다는 것이다. 진동하는 유리 표면 위에 손가락을 접촉하고 촬영한 사진을 분석해보면 압착 필름에 의한 부양 효과가 마찰을 감소시키는 데 필수라는 것을 알 수 있다. 이러한 연구는 손가락 피부의 미세한 구조, 특히 요철 구조가 마찰과의 역학 관계를 결정하는 데 얼마나 큰 영향을 끼치는지를 보여준다. 즉 피부는 표면에 완전히 붙거나 떨어지는 것이 아니라 접촉과 비접촉의 두 가지 상태를 반복하는 것처럼 보인다.[1]

전기 진동 혹은 정전기 마찰 조정electrostatic friction modulation이라고 불리는 현상은, 얇은 부도체층으로 덮힌 도체 표면에 100볼트를 가한 후 마른 손가락으로 표면 위를 만졌더니 고무 같은 느낌이 났던 우연한 경험을 통해 발견되어 1950년대에 처

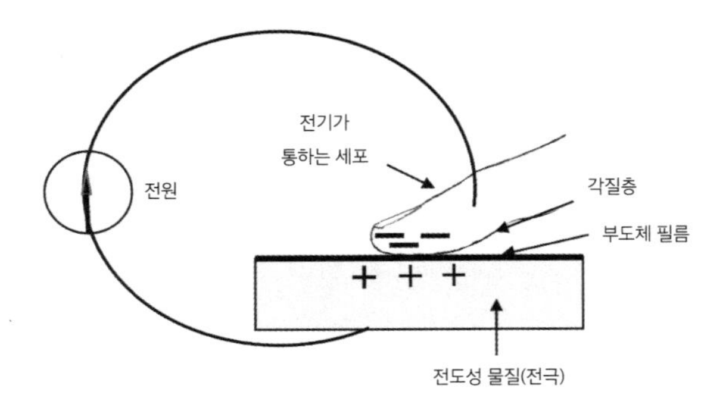

그림 14 전기 진동의 원리(IEEE의 허락을 받아 게재. 지로Giraud의 2013년 연구[3]에서 발췌함).

음 보고되었다.[2] 이런 느낌은 도체 표면과 손가락 사이에 작용하는 정전기적 인력electrostatic attraction으로 발생한 마찰 전단력에 의해 생긴다(그림 14 참조). 도체 표면에 가하는 교류 전압의 진폭과 주파수를 제어하면 또 다른 질감을 생성할 수 있다. 이 기술은 5장에서 설명한 전기촉감 디스플레이와는 확연히 구분된다. 전기촉감 디스플레이에서는 전류가 피부를 통과하여 피부 속에 있는 신경 다발을 전기로 자극한다.

전기 진동 기술은 일반 가전기기에 적용할 만한 상당한 매력을 가지고 있다. 소음이 없고, 기존 터치스크린 기술과 함께 구현하기가 상대적으로 쉬우며, 평면과 곡면상에 모두 적용할 수 있다. 이 기술은 자기 정전용량 터치스크린 패널에 실제로 적용되어 상용화된 적이 있다. 지난 10년간 디즈니 리서치에서 개발한 테슬라터치TeslaTouch라는 견본품, 센세그Senseg에서 개발한 이센스E-Sense라는 기술이 있었고, 둘 다 투명한 밑판 위에 투명한 전극이 달린 터치스크린을 이용해 디스플레이 표면과 움직이는 손가락 사이에 전기적으로 인력attractive force을 유도했다.[4] 인력을 적절히 조절하면 질감, 모서리 등과 같이 다양한 범위의 촉감을 생성할 수 있다. 디스플레이 표면을 구동하는 전기 신호의 진폭과 주파수를 조절하여 특정한 질감을 구현할 수도 있다. 여기서 중요한 점은 손가락으로 표면 위를 움직이면서 만질 때만 이러한 효과를 느낄 수 있고, 표면 전체에 같은 촉각 신호를 전달하고 표면의 다른 부분에 각기 다른 효과를 생성하는 것은 아직 불가능하다는 것이다. 디스플레이의 다른 부분을 독립적으로 제어하여 더 복잡한 촉각 패턴을 제공하는 시스템을 설계하고 생산하는 것이 가능하기는 하나, 훨씬 복잡한 것으로 알려져 있다.

지금까지 설명한 모든 서피스 햅틱스 기술은 손가락으로 유리 표면 위를 움직일 때 느끼는 마찰을 제어하지만, 사용자가 실제로 느끼는 마찰은 꽤나 가변적일 수 있다. 표면의 성질, 표면과 접촉한 피부 부분의 수분 함유량, 각질층의 두께 등이 손가락에 작용하는 정전기력에 영향을 미쳐 사용자가 인지하는 마찰력의 크기도 변화시키는 것이다. 특히 수분 함유량은 마찰력에 큰 영향을 미치는데, 이는 수분이 각질층을 부드럽게 만들고 표면에 더 잘 달라붙게 하여 접촉 면적을 넓히는 효과를 가지기 때문이다. 또한 초음파 진동와 전기 진동의 두 방식을 결합하면 표면의 마찰을 감소시키거나 증가시킬 수도 있기 때문에 사용자에게 제공할 수 있는 촉감의 범위를 더욱 더 확장할 수 있다.[5] 이 방식이 한 개의 장치에 구현되면 사용자는 마찰을 두 개의 다른 동작 영역으로가 아니라 연속적으로 변하는 것으로 인지한다.

평면 디스플레이는 워낙 널리 사용되고 있고, 촉감 표현 능력을 발전시키는 것이 필요하기 때문에 서피스 햅틱 디스플레이의 응용 범위는 넓다. 손으로 만지는 상호작용 표면의 질감을 촉감으로 전달하는 것은 매우 중요하다. 이러한 이유로 고품질의 질감을 재현하는 것이 이 분야에서 아주 중요한 목표이다. 이와 관련하여 매우 다양한 응용 사례에 대한 연구가 진행되고 있으며, 그 사례는 시각장애인의 안전한 이동을 돕기 위한 신호를 제공하는 것에서부터 가상공간에서 통신할 때 감정을 표현하는 수단을 제공하거나, 교육적 상호작용을 향상하기 위해 시각 입력과 햅틱 감각을 함께 사용하는 데에까지 확대되고 있다.

8

인공 감지: 의수와 로봇 손

우리는 세상을 인지하는 도구로 주로 손을 사용하며, 2장에서 설명했듯이 햅틱 감각을 이해하는 것은 손이 어떻게 동작하는지를 아는 것과 밀접하게 관련되어 있다. 또한 사람 손의 감각 및 운동 특성은 의수나 로봇 손 같은 인공적인 장치를 설계하는 것과 관련되어 있기도 하다. 이번 장에서는 지난 수년간 의수와 로봇 손이 개발되어온 과정과, 이러한 장치에 촉감을 부여하는 것과 관련된 연구 주제에 대해서 알아볼 것이다. 의수와 로봇 손을 만들기 위해 필요한 기술이 서로 원천적으로 다르기는 하지만, 두 주제 모두에서 햅틱 감지haptic sensing가 도전적이며 유망한 미래 기술임을 관찰하는 것도 흥미로울 것이다.

사람이 촉각으로 주변 환경을 인지하기 위해 주로 손이라는 구조물을 사용하므로 인공 장치를 비교하기 위한 기준으로도 손을 사용할 수 있다. 의수의 경우에도 그러한데, 인공 손artificial hand이 몸에 결합되며, 절단된 팔이나 다리에 남아 있는 감각 운동 능력과 팔다리 동작 제어와 관련된 고위피질중추higher cortical center(대뇌피질은 구성에 따라 계층을 가지는데, 가장 상위의 계층이 팔다리의 감각이나 운동을 담당한다 - 옮긴이)를 활용할 수 있기 때문이다. 사실 로봇공학 연구자 사이에는 능란한 조작이 필요하거나 인간 조종자가 마스터 장비(로봇 원격조종에서 사용되는 용어. 로봇을 조종자가 제어하기 위해 사용하는 장치를 마스터 장치master device라고 부르고, 원격지에서 조종되는 로봇을 슬레이브 로봇slave robot이라 하며, 전체적으로 마스터-슬레이브Master-Slave 구조를 가진다고 한다 - 옮긴이)를 착용하고 로봇 팔과 손을 제어하려면, 로봇 손을 인간의 손처럼 만들어야 한다는 강한 편견이 있다.[1] 물론 2억 년에 걸친 진화라는 연구개발 과정으로 인간 손의 성질이 정교하게 조율되었다는 사실을 간과해서는 안 된다. 그렇지만 비교해부학자 우드 존스Wood Jones의 말을 빌리면 "인간의 손이 아니라 손의 동작을 불러 일으키고 조정하고 제어하는 전체적인 신경 메커니즘이 완벽한 것이다."[2] 의수와 로봇 손에 대한 성능지표는 주로 인간의 손을 기준으로 유도된다.

의수

인공 손은 오래전부터 개발되어왔다. 역사 기록에 남은 가장 오래된 인공 손은 로마의 장군이었던 마르쿠스 세르기우스Marcus Sergius가 기원전 218년에 제2차 포에니 전쟁에서 손을 잃은 후 맞춘 쇠로 만든 의수이다. 그는 이 의수를 사용하여 방패를 들고 전장으로 돌아갈 수 있었다. 16세기 프랑스의 군외과의사 앙브루아즈 파레Ambroise Paré는 지레와 기어 시스템을 사용하여 의수를 설계하고 개발했는데, 이 의수를 사용해서 여러 다른 형태로 물체를 쥐는 것과 독립적으로 손가락을 움직이는 것이 가능했다. 이 의수는 반대편의 수족이나 가슴을 움직여서 조종할 수 있었다. 많은 시간이 흐른 후 1940년대에는 전쟁 때문에 상지 절단 환자가 많아져서 이들을 돕기 위한 신체 동력 의수body-powered prosthesis가 개발되었다. 신체 동력 의수는 주로 정상적인 팔쪽의 어깨에 착용 용구harness('harness'는 본래 말의 몸에 채우는 벨트 형태의 마구를 의미하나, 여기서는 그림 15에 묘사된 것처럼 줄을 사용하여 어깨와 겨드랑이를 X자 모양으로 둘러 묶은 형태의 장비를 지칭한다. 우리말로는 '멜빵'이 가장 유사하나 더 넓은 의미인 '착용 용구'로 번역했다. 우리나라에서도 재활 분야에서는 원어의 발음을 딴 '하네스'라는 표현이 흔히 사용되고 있다-옮긴이)를 두르는 형태인데, 이 착용 용구는 의수 끝에 있는 말단장치를 동작시켜 물체를 잡는 데 사용된다. 말단장치는 기계 갈고리나 한두 개의 손가락을 가진 손 모양처럼 생긴 부속물일 수 있다(그림 15 참조). 줄로 구동하는 의수 시스템은 사용자의 어깨가 수축하거나 이완할 때 발생하는 움직임과 힘을 이용하여 의수의 팔꿈치 관절과 인공 손을 움직이고 제어하는 방식이다. 손의 방향은, 의수 손목 관절의 마찰을 크게 제작하여 이 관절을 정상적인 손으로 돌려감으로써 조절할 수 있다. 상지를 절단한 사람 대부분은 정상적인 팔을 가지고 있으므로, 작은 물체를 집는 것과 같은 정밀한 동작을 위해 의수를 사용하지는 않고, 주로 물체를 안정적으로 위치시키는 데 사용한다.

신체 동력 의수는 상당히 원시적인 구조를 가지고 있었지만 상당 기간 여러 곳에서 사용되었다. 그 이유 중 하나는 사용하기 쉽고 자연스럽게 운동감각 피드백kinesthetic feedback이 제공되기 때문이었다. 사용자가 어깨를 움직이면 착용 용구를 통해 줄이 당겨지는데, 이때 사용자는 어깨 동작의 크기와 의수의 팔꿈치의 각도를 관련지을 수 있게 된다. 또한 의수에 작용하는 힘은 줄을 통하여 사용자 몸에 전달되고 놀라울 정도로 정확하게 지각된다. 이는 절단 환자가 이러한 장비를 사용하여 작은 악력을 그대로 재현하는 능력을 보면 알 수 있다.[3] 그러나 신체 동력 의수의 단점은 착용 용구의 배치에 따라 무거운 물체를 돌리기 위해 몸통을 회전시키는 등 극단적인 신체 동작이 필요한

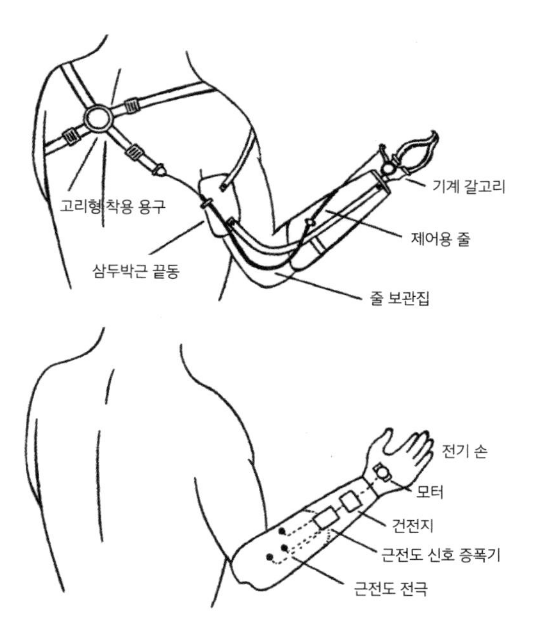

그림 15 상단: 기계 갈고리를 장착한 보우덴Bowden 줄 조절 시스템. 하단: EMG 신호에 의해 구동되는 전기 손을 가진 근전도 제어 팔꿈치-손목 의수(미국 교정 보철 연합회American Orthotic and Prosthetic Association의 허가를 받고 빌록Billock의 1986년 논문에서 발췌함[4]).

경우가 가끔씩 있고, 말단장치가 등뒤에 있을 때는 이를 조작하기 어렵다는 것이다.

1940년대 후반부터 1950년대 전반에 걸쳐 근전도 제어 의수Myoelectric prosthesis가 개발되었다. 이 의수는 절단되고 남은 팔 부분의 근육에서 발생하는 전기 신호에 의해 제어된다. 그림 15에 설명된 바와 같이, 남은 팔 부분 근육 위의 피부 표면에 부착된 전극을 사용하여 근전도electromyographic, EMG 활동을 기록하고 전기적으로 말단장치를 작동시킨다. 이 시스템들은 제어에 사용되는 전극의 개수, 의수가 실행할 수 있는 동작, 구현되어 있는 피드백 시스템에 따라 다양한 종류가 존재한다. 정상적인 손에 비해 근전도 제어 의수가 실행할 수 있는 동작이 상당히 느리기는 하지만, 악력의 크기는 같고 심지어 더 크게 만들 수 있다.

현재 선진국에서는 많은 상지 절단 환자가 근전도 제어 의수를 사용하고 있다. 특히 팔꿈치 아래를 절단한 경우에 유용하며, 이런 환자는 근전도 제어 의수를 선택하여 사용하는 비율이 높다. 줄로 구동하는 의수에 비해 근전도 제어 의수는 더 다양한 기능적 동작을 구현하는 데 드는 노력이 더 적다. 하지만 줄로 구동하는 의수나 일상생활에서의 여러 움직임에 비해 근전도 제어 의수의 움직임은 느린 편이다. 근전도 제어 의수를 사용할 때 중요한 문제 중의 하나는 촉감을 느끼지 못한다는 것이다. 그래서 의수가 주어진 작업을 잘 수행하는지 확인하려면 계속 주시하고 있을 수밖에 없다. 현재 의수의 조작 성능은 의수 자체의 성능보다는 상지 절단 환자가 시각적 정보와 모터나 진동의 미세한 차이를 인지하여 의수를 얼마나 잘 다룰 수 있느냐에 달려 있다.

의수에 촉감과 운동감각 피드백을 제공하는 방법에 대해 상당한 양의 연구가 수행되었다. 그러한 신호가 없으면 사용자에게 많은 부담을 주기 때문이다. 특히 의수에 부착할 수 있는 접촉을 감지하는 촉각 센서와 말단장치의 동작을 측정하는 변위 센서를 중점적으로 개발해왔다. 사용 조건을 고려할 때 이러한 센서는 내구성이 튼튼해야 하고 동작이 강인해야 한다. 센서로부터 측정된 신호를 처리한 후 이를 사용자의 남아 있는 팔의 말초신경에 연결된 전극을 통하여 제공한다. 이식되어 신경을 둘러싸고 있는 전극 끝동electrode cuff을 통하여 피드백 신호를 제공할 수도 있는데, 이는 컴퓨터가 전극 끝동으로 전기 펄스를 보낼 때 사용자가 손의 특정한 위치에 감각을 느끼게 하기 위해서다.[5]

하지만 아직까지 사람 손의 기능과 감각을 모방할 수 있는 의수가 없는 것은 분명하다. 허용되는 크기, 무게, 모양을 가지는 의수를 설계하기 위해서는 여러 제약 조건을 만족시켜야 하고, 이것이 다재다능한 의수의 개발에 걸림돌이 되고 있다. 여기서 중요한 점 중의 하나는 의수의 무게가 1~1.5킬로그램을 넘으면 대부분의 상지 절단 환자는 의수가 너무 무겁다고 여긴다는 것이다. 일반적으로 사람의 위팔(상완)upper arm에 있는 상완골의 중심에서부터 손까지의 무게가 3킬로그램 정도임에도 불구하고 말이다. 따라서 사람 손의 성능을 재현하기 위해서는 정상적인 무게의 절반이 안 되도록 의수를 설계해야 한다. 또한 사용자가 의수의 제어 시스템을 수용하기 위해서는 상대적으로 사용법이 쉬워야 하며, 한번 숙달되면 고도로 집중하지 않고도 의수를 조작할 수 있어야 한다.

유체로 구동되는 연성 구동기soft actuator의 개발에 관한 최근의 연구는 미래형 의수에 관하여 흥미진진한 가능성을 열고 있다. 이 기술은 촉각 감지기를 내장한 변형 가능한 손가락을 의수에 장착할 수 있게 한다. 이러한 장비는 다른 모양과 표면 질감을 가지는 물체를 인지할 수 있는 능력을 지닌 강력한 전동기와 다목적의 측정 기능을 가지고 있다.[6] 또한 연성 구동기는 표면이나 물체에 맞게 모양을 바꿀 수 있으며, 구조적으로 튼튼하게 하거나 부품들을 결합하기 위해 단단한 소자들을 포함하기도 한다. 이런 연성 구동기와 같이 부드럽고 변형 가능한 재료를 사용함으로써 로봇 기술과 잠재적인 응용 분야의 한계가 허물어지고 있다.

로봇 손

인간의 손은 능수능란하며 놀라울 정도의 감각 능력을 가지고 있기 때문에 의수를 설계할 때 '절대적 기준'으로 사용되어왔다.[1] 많은 상황에서 로봇 손은 인간 손과 동일한 도구를 사용하여 동일한 물체를 조작하며 인간 조종자에 의해 원격으로 제어된다. 그러므로 사용의 편리성과 제어성의 관점에서 보면 인간형 로봇 손은 의미가 있다. 1장에서 언급했듯이 인간 손은 38개의 근육에 의해 제어되고 21의 자유도를 가지며, 피부와 근육에 접촉, 상호작용력, 온도, 진동에 대한 정보를 제공하는 수천 개의 감지기를 가지고 있다. 손가락은 근접한 상태로 함께 움직이며 필요하면 서로 포개지기도 한다. 손가락 움직임을 제어하는 주요 근육의 대부분은 앞팔 내에 있어서, 손의 질량이 상당히 작고 조밀한 구조임에도, 각 손가락이 인상적일 정도로 큰 작업 공간을 가질 수 있게 한다. 이러한 성능을 로봇 손에서 그대로 구현하는 것은 특히 크기와 질량에 대한 제약 때문에 공학적으로나 과학적으로 극도로 어려운 도전적인 문제이다.

지난 수년간 물체를 쥐고 간단한 조작을 하거나 매우 반복적인 작업을 수행하기 위하여 산업계에서 널리 사용되는 집게 형태의 도구에서부터 다수의 정교한 손가락을 사용하여 다양한 물체를 잡고 조작할 수 있는 인간형 로봇 손까지 아주 다양한 로봇 손이 개발되었다. 후자의 경우는 원래 다지형 로봇 손multi-fingered hand의 설계와 제어에 관한 우리의 이해를 높이기 위한 연구의 도구로 제작되었다. 이러한 초기 연구 견본의 여러 특징을 한 개의 손에 융합하여 매우 다양한 영역에서 동작할 수 있는 유연성을 가진 로봇 손(예를 들어 바렛 손Barrett Hand)[7]을 현재는 구매할 수 있다. 이러한 로봇 손은 핵 폐기물이나 생물학적으로 위험한 폐기물 등 유해한 물질을 처리하는 것부터 원격조종과 부품을 조립하는 데까지 폭넓게 사용된다.

능란한 로봇 손은 전형적으로 회전력이 높고 가벼운 브러시형 직류 전동기에 의해 구동되고, 세 개 혹은 네 개의 다관절 손가락을 가지며, 물체를 안정적으로 잡을 수 있게 엄지손가락은 다른 손가락의 반대쪽에 위치한다. 각 손가락은 3이나 4의 자유도를 가지며, 어떤 경우는 더 다양하게 잡기 위하여 손가락이 맨 아래 부분을 중심으로 회전할 수 있게 설계되었다. 선형력/회전력 및 변위 감지기를 사용하면 관절의 움직임과 이로 인해 발생되는 힘을 측정할 수 있다. 관절의 각도를 정확하게 측정하면 인간의 손가락보다 더 정밀하게 로봇 손가락의 위치를 제어할 수 있다. 게다가 몇몇 로봇 손은 인간 손보다 상당히 더 빠르게 움직일 수 있다. 초기 로봇 손 중 1980년대에 설계되고 제작된 유타Utah/엠아이티MIT 손은 원격 환경에서 사용하기 위해 개발되었으며, 다양한 종류의 힘반향 마스터 장치force-reflecting hand masters(예를 들어 햅틱 디스플레이) 또한 함께 개발되었다. 이러한 시스템은 마스터 장치를 제어하는 작업자의 책임하에 작업을 계획하고 오차를 바로잡을 수 있다는 장점이 있다. 이 경우 장비에 제어기를 포함시킬 필요가 없기 때문에 로봇 제어를 위한 계산에 드는 비용을 낮출 수 있다.

근래에 원격조종을 활용하여 상업적인 성공을 거둔 대표적인 예가 다빈치 수술 시스템da Vinci Surgical System(Intuitive Surgical, Inc.)이다. 외과의사는 원격조종기를 사용하여 동작을 수행하고 이 동작은 외과 도구를 잡고 있는 로봇 팔에 재현되어 환자에게 수술을 진행한다.[8] 이 시스템은 외과의사의 손 떨림과 같은 어떠한 치명적인 문제도 걸러낼 수 있다. 로봇 팔을 제어하여 만들어낼 수 있는 동작의 정밀도는 외과의사의 정밀도를 능가한다. 다빈치 수술 시스템에는 현재 촉각 혹은 햅틱 피드백을 설계에 반영하는 기능이 제공되지는 않지만, 이 방법에 관한 연구는 계속해서 진행되고 있다.

최근 유연 로봇공학 기술과 장비가 발달하면서 적응력이 높은 시스템을 만들기 위하여 재료의 원천적인 탄력을 이용하는 새로운 종류의 로봇 손과 집게가 탄생했다.[9] 유연 집게(소프트 그리퍼)Soft Gripper는 잡으려는 물체의 모양에 따라 쉽게 변형되므로 단단한 집게보다 훨씬 다양한 종류의 물체를 다룰 수 있다. 또한 과립 형태의 물질을 탄성을 가진 막으로 둘러싸면 원 상태에서는 강도가 무르지만 진공 상태를 만들면 완전히 단단해지는 성질을 활용한 가변 강성 기술이 있다. 이 기술은 물체의 모양에 맞게 변형한 후 강성을 바꾸어 단단하게 잡을 수 있는 집게를 만드는 데 사용되어왔다. 이렇게 유연한 동체를 가지는 로봇은 늘어나거나, 쥐거나, 모양을 바꿀 수 있으므로 로봇 공학 및 사용자-로봇 상호작용 응용을 위한 새로운 길을 열고 있다.

인간 손과 마찬가지로 로봇 손을 사용하여 효과적으로 물체를 잡기 위해서는 손 위의 접촉 상태를 감지해야 하므로, 압력과 피부 변형을 측정하는 촉각 감지기가 의수의 기능에 중요한 역할을 한다. 지난 20년 동안 촉각 감지 기술에는 상당한 진보가 있었고, 이는 로봇 손의 감지 기술에 반영되었다. 그러나 로봇 촉각 감지기의 발전은 로봇 시각 체계의 정교한 수준에는 미치지 못한다(후자의 경우 산업과 이동 로봇 응용에 사용되고 있다). 촉각 센서를 만들기 위해 다양한 기술이 사용되어왔는데, 이는 각각 장단점을 가지는 전기용량, 자력, 압전저항, 압전전기, 광학 방식을 포함한다. 이렇게 많은 감지기의 주요한 단점 중의 하나는 부서지기 쉽다는 점이다. 촉각 감지기는 손가락 끝에 부착되며, 다양한 재질로 만들어진 물체를 접촉하여 조작할 때 발생하는 반복적인 충격과 마모를 견딜 수 있도록 충분히 강인해야 한다.

로봇 촉각 감지에 관한 여러 응용에서는 물체를 조작할 때 접촉과 움직임을 인지하고 손 전체의 수직력과 수평력의 분포를 측정하는 것에 초점이 맞추어져 있다.[10] 단단한 집게와 로봇 손에서는 손가락과 손바닥에 걸쳐 분포한 촉각 감지기 배열이 접촉력과 접촉 영역을 측정하고 제어할 수 있게 한다. 이는 물체의 미끄러짐을 감지하고 상호작용력을 관찰할 때 중요하다. 로봇 손가락의 움직임이 인간 손가락의 속도와 정확성을 능가하지만, 로봇 손의 전체적인 촉각 감지 능력은 인간 손보다 여전히 매우 낮다. 유연한 인공 피부에 삽입할 수 있는 다용도 감지기의 개발은 로봇 촉각 감지 분야에서 여전히 기술적 난제로 남아 있다. 유연 로봇을 위해 개발되고 있는 유연 물질과 변형이 가능한 구조에 감지 기능을 도입하기 위해서는 독창적인 방식이 필요하다. 구부러지고 늘어나는 전자 장치와 센서의 등장은 로봇 손의 촉각 감지 기술을 향상할 수 있는 흥미진진한 기회를 제공한다.

9

결론

우리가 물리적 세계를 경험할 때 햅틱 인지는 근본적으로 중요한 역할을 한다. 2장에서 설명한 한 개인(individual IW)에 관한 연구에서 생생하게 실증되었듯이, 햅틱 인지가 없는 경우에는 우리의 기능에 극심한 제약이 생긴다. 그럼에도 우리는 부상이나 장애로 인하여 정상적인 생활을 못하게 될 때까지 햅틱 인지의 중요성을 인식하지 못한다. 심지어는 그렇게 되어도 약화된 촉각 기능보다는 손 동작이 서툴러졌다는 등 동작 기능의 소실에 대해서 더 자주 언급한다. 대부분의 경우 옷을 입거나 몸을 지탱하는 의자와 접촉할 때 발생하는 연속적인 촉각 자극에 대해 인식하지 못하며, 무언가 예상하지 못한 일이 일어나서야 우리의 피부에 주목하게 된다. 이는 촉각 및 햅틱 인지의 행동유도성 중 한 가지를 강조한다. "우리는 들어오는 정보에 빠르게 반응할 수 있다."

인간의 지각은 본질적으로 다중감각이어서 세상을 인식할 때 여러 개의 감각이 동시에 연관된다. 우리는 일상생활에서 촉각과 운동감각으로 얻은 정보와 다른 감각에서 발생하는 정보를 자동으로 결합한다. 예를 들어 시장에서 보고 있는(시각 감지) 딸기가 잘 익었는지 판단하기 위해서 처음에는 꽉 쥐어보고(촉각 감지), 냄새를 맡아보고(후각 감지), 마지막으로 깨물어보아서(미각 감지) 맛으로 얻은 정보가 시각, 촉각, 후각으로 인지한 것과 일치하는지 확인한다. 다양한 감각을 통해 우리가 얻는 정보는 필요 이상으로 과하거나 상호보완적일 수 있다. 우리가 결정을 내리기 위해 햅틱 감각을 더 우수한 감각으로 보고 따를 때가 있는데 옷감의 느낌, 가구의 마감, 과일의 무게를 평가하는 경우가 그렇다. 이외의 다른 상황에서는 우리가 보거나 들은 것을 단순히 햅틱 감각을 통해 확인하기 위해 사용할 수도 있다. 햅틱 인지는 단지 세계를 인지하는 것이 아니라 감각적 느낌을 얻기 위해 직접 세계에 작용을 하는 양방향성을 가지고 있고, 이는 우리의 여러 감각 중에서 유일한 특성이다. 사람이 접촉하는 물체의 성질을 알기 위해 손을 어떻게 사용하는지 관찰해보면, 우리가 사용하는 움직임의 종류에서 놀라운 일관성을 찾을 수 있다. 게다가 과일이 잘 익었는지와 같은 특정한 성질에 관심이 있으면 해당 성질(탄력성)의 인지에 최적화된 동작을 필연적으로 사용하게 된다.

촉각 디스플레이 기술은 감각 소실을 보완하기 위해 설계된 점자와 다른 감각 치환 체계의 개발까지 거슬러 올라가는 긴 역사를 가지고 있다. 최근에 진동 촉각 디스플레이는 휴대전화, 태블릿, 다른 소형 전자기기 등 어디에나 광범위하게 쓰인다. 이러한 통신 방식이 사적이고 비침습적이라는 사실은 확실히 매력이 있지만, 대부분 이런 장비의 촉각 의사소통은 사용자에게 경고나 통지를 제공하는 데 그 용도가 그치고 있다. 이런 체계 중 일부분에서는 전달되는 입력을 원하는 대로 바꾸어서 촉각 의사소통의 범위를 훨씬 넓힐 수 있으나, 아직은 널리 보급되지 않았다. 시각, 청각보다 촉각의 정보처리 용량에 제약이 있고, 촉각 신호의 의미를 결정하기 위해 사용자가 주의를 기울여야 하기 때문에 이러한 기능이 덜 유용하다고 여겨질 수도 있다. 그러나 가변 저항력 기술에 기반한 서피스 햅틱 디스플레이가 등장하고 시각과 촉각이 모두 제공되면서 그러한 제약이 극복되고 있다. 서피스 햅틱 디스플레이 기술이 발달하면서 고품질의 질감을 표현할 수 있으며, 이는 매우 다양한 장치와 우리와의 상호작용을 눈에 띄게 발전시킬 수 있다.

촉각을 길 찾기의 보조도구로 사용하는 것은 촉각 디스플레이의 가장 유망한 일반적 응용 사례 중 하나이다. 만약 휴대전화의 길 찾기 응용 프로그램과 통신하면서 진동 전동기나 감지기를 탑재하여 사용자에게 방향 정보를 제시할 수 있는 영리한 신발이나 옷이 있다면, 휴대전화를 쳐다보면서 가로등 기둥이나 차 앞으로 걸어가는 사람에 대한 보고가 줄어들 것이다. 자세에 대한 정보를 전달하기 위해 촉각 피드백을 사용하는 것은 운동 선수나 헬스 트레이너에게 특히 유망할 것이다. 방향성을 가지는 촉각 피드백을 제공하는 응용 프로그램은 어떤 관절을 움직일지, 특정한 동작을 취하기 위해 몸의 위치를 어떻게 정확하게 일치시킬 것인지 등에 관한 정보를 알려줄 수 있다. 이러한 착용형, 반응형 의류 분야는 상당한 성장 가능성이 있다.

사용자가 실제 환경이나 가상환경에서 물체와 접촉하고 무게나 경도 같은 성질을 느끼게 하는 햅틱 인터페이스는 매우 다양한 응용 사례에서 평가되어왔다. 이는 의학 및 치과 훈련, 견본 제작, 게임, 교육, 보조 기술 등의 분야에서 사용되었으나 아직 넓게 보급되지는 못했다. 그 이유로는 이러한 시스템의 높은 가격, 햅틱 인터페이스를 더 큰 시스템에 포함하는 것의 가치에 대한 인식, 다양한 응용에 쉽게 적용할 수 있는 다용도 장치의 부재 등을 들 수 있다. 사용자가 경험하는 느낌이 해당 환경에서 직접 손으로 상호작용할 때와 유사하도록 미래의 햅틱 디스플레이는 아주 사실적인 햅틱 표현을 제공할 필요가 있다.

사람 대 사람의 직접적인 접촉이 전혀 없이 인터넷으로 정말 많은 통신이 이루어지는 이 시대에 악수, 가볍게 어깨 두드리기, 부드러운 어루만짐 등의 촉각적 교류가 사라진 것은 아무리 심각하게 받아들여도 지나치지 않다. 사람 간의 접촉은 서비스를 제공하는 다른 사람에 대한 태도에 영향을 미치고 사람 사이의 유대감을 높인다고 증명되었다. 현대 통신 체계의 단점을 보완하기 위해서 장거리 촉각 교류를 가능하게 하는 간단한 몇몇 장치가 지난 10년간 개발되었다. 여기에는 작동되면 손가락을 조이는 반지, 착용자를 '안아주는' 자켓이 포함된다. 이러한 장치들은 아직 시장에서 성공하지는 못했는데, 장치 개발에 앞서서 충분한 실증시험을 거치지 않은 것이 아직 선택받지 못한 원인인지는 확실치 않다. 이러한 장비를 개발하기 위해서는 멀리 떨어진 사람과의 정보교류를 위해 사용자가 원하는 촉각 경험의 종류를 알아내는 것이 대단히 중요하며, 이는 새로운 기술의 이용 가능성과 인간 햅틱 지각에 대한 우리의 지식에 모두 의존한다.

햅틱 지각, 피부와 근육에서 제공하는 정보를 처리하는 것과 관련된 감각 메커니즘, 다른 감각 모달리티가 어떻게 상호작용하는가에 대한 근본적인 의문이 많이 남아 있다. 그래도 여전히 지난 20년간 인간 햅틱 체계에 대한 우리의 이해와 이를 효과적으로 연구하기 위한 기술에 놀라운 발전이 있었다. 일상적인 상호작용에 대한 햅틱 지각의 중요성을 과소평가해서는 안 되며, 우리가 활동하는 많은 분야에 아직 촉각적 상호작용이 존재하지 않다는 사실은 우리가 풀어가야 할 도전 과제를 던져준다.

용어설명

2점 역치 Two-point threshold

피부의 서로 다른 두 점에 자극을 가하더라도 거리가 가까우면 한 점으로 느끼게 되는데, 자극이 한 점이 아니라 두 점에서 가해지는 것으로 구별하여 지각하는 자극 사이의 최소 거리를 뜻한다.

각질층 stratum corneum

표피의 가장 바깥층으로, 두께가 0.2밀리미터에서 2밀리미터까지 다양하다. 각질층에는 엉겨붙기도 하고 벗겨지기도 하는 연성의 케라틴 단백질이 말라붙은 세포들이 있다.

감각 도약 sensory saltation

공간적으로 발생하는 촉각 일루전 현상. 피부의 서로 다른 세 부위에 짧은 파동의 자극을 시간차를 두고 순차적으로 가하더라도 마치 점 사이를 파동이 점진적으로 이동하고 있는 것처럼 느끼는 현상을 의미한다.

감각신경, 구심성신경 afferent

피부 등 말초신경에서 출발하여 척추나 뇌 등 중추신경으로 정보를 전달하는 신경섬유의 종류. 주로 감각신경을 의미한다.

감수영역 receptive field

피부나 눈의 망막처럼 뉴런의 반응에 영향을 미치는 '감응 특성이 있는 표면'의 영역.

골지건기관 Golgi tendon organ

피막으로 둘러싸인 형태의 수용기로 힘을 감지하는 역할을 한다. 주로 관절의 근섬유다발과 힘줄 사이에서 발견된다.

구별discrimination

여러 대상들에 관하여 대상 사이의 차이에 기반하여 분별하는 일을 일컫는다.

근방추수용기spindle receptors

근섬유와 밀착하여 근육의 길이와 속도 변화를 감지하는 기계적감각수용기를 의미한다.

기계적감각수용기mechanoreceptor

피부에 대한 외부의 압력이나 당김 등 기계적인 자극에 반응하는 수용기를 일컫는다.

느린순응수용기slowly adapting mechanoreceptors

촉각과 관련된 감각신경 구성요소들을 말하며 자극이 일정하게 지속되는 동안에도 반응하는 특징이 있다. 메르켈 세포, 루피니 말단 등의 기계적감각수용기가 해당한다. 반대로 자극이 변하는 동안에 반응하는 빠른순응수용기에는 마이스너 소체, 파치니 소체 등이 있다.

능동적active

촉각 지각에서는 신체가 가만히 있지 않고 움직이는 행동의 상태를 의미한다.

대역폭bandwidth

대부분의 장치들은 작동 제어 주파수를 높이면 일반적으로 출력이 감소하는데, 대역폭이란 어떤 장치가 어느 수준 이상의 출력을 보장하는 제어 주파수 범위를 일컫는다. 대역폭이 크다는 것은 다양한 주파수를 보내는 통신에서 정보를 더 많이 보낼 수 있고, 제어 시스템에서는 빠른 제어가 가능하다는 의미가 된다.

동반방출corollary discharges

뇌에서 척수로 운동 명령 신호를 보낼 때 동시에 동일한 신호를 대뇌의 감각 피질로 보내는 현상을 일컫는다.

동적 범위dynamic range

자극의 가장 큰 값과 가장 작은 값의 비율을 데시벨(dB) 단위로 표시한 값.

루피니 말단 Ruffini endings

근방추처럼 생긴 촉각수용기로, 진피층의 결합조직 내에 위치해 있다.

마이스너 소체 Meissner's corpuscles

빠르게 순응하는 주머니 모양의 촉각수용기. 손바닥이나 발바닥의 체모가 없는 피부의 외각층에서 주로 발견되며 외부의 압력 변화에 대해 반응하는 특성이 있다.

메르켈 세포 Merkel cells

진피층까지 연결되는 표피 주름의 맨 하단에 송이 모양으로 모여 있는 촉각수용기를 말한다.

모달리티modality

모달리티는 분야에 따라서 매우 다양한 의미로 사용된다. 햅틱스, 가상현실, 생물학 등의 분야에서는 '독립적'으로 구별될 수 있는 자극에 대한 감각의 양상을 의미한다. 예를 들어 밝음/어두움, 따뜻한/차가움, 거칢/매끄러움 등이 각각 모달리티가 된다.

베버 상수 Weber fraction

베버의 법칙은 독일 의사이자 촉각과 관련된 실험심리학의 선구자인 베버가 발견한 것으로, 자극의 크기가 이전 자극의 크기에 대하여 특정 고정 비율로 변할 때마다 사람이 차이를 구별하게 되는 현상을 일컫는다. 이러한 고정 비율의 법칙은 촉각에서뿐 아니라 다른 감각들에서도 적용이 가능함이 확인되었다. 이러한 고정 비율의 값을 베버 상수라고 부른다.

베버 일루전 Weber's illusion

피부의 서로 다른 두 점에 촉각 자극을 가할 때 공간분해능이 더 좋은 피부에서 두 자극 사이의 거리가 더 멀다고 느끼는 현상. 예를 들어 위치구별력이 뛰어난 손에서 느껴지는 두 점 사이 거리가 다른 신체 부위에서의 두 점 사이의 거리보다 더 길다고 인식된다.

보호털guard hair

체모가 있는 피부의 솜털보다 더 길고 두꺼운 체모로, 솜털보다 눈에 띈다.

서피스 햅틱스surface haptics

터치형 인터페이스와 같이 물리적으로 평탄한 표면에서 재질감과 같은 다양한 가상의 햅틱(촉각) 효과를 발생시키는 과정을 일컫는다.

손가락뼈, 지골phalanges

손가락을 구성하는 14개의 뼈. 엄지손가락에 2개, 나머지 손가락에 각각 3개씩 있다.

손목뼈, 수근골carpals

손목에 두 줄로 나란히 배치된 8가지의 작은 뼈. 팔에 가까운 4가지를 손목뼈근위열(손배뼈, 반달뼈, 세모뼈, 콩알뼈), 손바닥에 가까운 4가지를 손목뼈원위열(큰마름뼈, 작은마름뼈, 알머리뼈, 갈고리뼈)이라 한다.

손바닥뼈, 중수골metacarpals

손바닥 부분에 위치하는 다섯 개의 뼈.

솜털vellus hair

체모가 있는 피부의 부드럽고 가는 털. 수분을 흡수하거나 피부에서 땀이 떨어지게 하거나 열을 차단하는 역할 등을 한다.

식별identification

어떤 대상을 그 특성에 근거하여 인식하는 일을 일컫는다.

안장관절saddle joint

엄지손가락과 손목과 연결되는 부위에 있는 말 안장 모양의 손목손허리관절 Carpometacarpal joint. 엄지손가락을 위아래로 구부리는 동작과 옆으로 벌리고 모으는 동작을 가능하게 할 뿐 아니라 엄지손가락을 축을 따라 회전시켜 다른 손가락들의 끝과 맞닿는 것도 가능하게 한다.

엄지두덩thenar eminence

손바닥과 엄지손가락이 연결되는 부위에 있는 엄지손바닥뼈thumb metacarpal를 덮고 있는 언덕 모양의 다육질 부위를 일컫는 단어이다.

에크린샘eccrine sweat glands

전신에 분포하며 땀을 분출하여 체온을 조절하는 역할을 하는 땀샘.

운동감각kinesthesia

팔다리의 위치와 움직임에 관한 감각을 의미한다.

원심성, 운동성efferent

뇌에서 멀어지는 방향으로 (예를 들어 뇌에서 근육으로) 신호를 전달하는 신경섬유의 종류. 주로 운동신경을 의미한다.

자기수용감각, 고유감각proprioception

근육, 피부, 관절 등의 수용기에 의하여 전달되는 손발의 위치와 움직임, 균형 등에 대한 자기인지 감각. 좁은 의미로 종종 운동감각과 같은 의미로 사용된다.

전정기관계vestibular system

균형과 회전방향을 유지하는 데 관여하는 감각 시스템. 내이에 위치해 있으며 균형 상태에 따라 입력이 달라지는 고유의 구조를 기반으로 작동한다.

차이 역치difference threshold

어떤 감각에서 외부 자극이 이전 상태에서 변한 것을 지각할 수 있는 최소 크기의 자극 변화량.

체모가 없는 피부glabrous skin

손바닥, 발바닥 등의 체모가 없는 피부로, 일반적으로 체모가 있는 피부보다 더 두껍다. 손으로 물건을 쥐는 동작을 할 때 체모가 없는 피부는 굴곡진 주름 무늬를 따라서 굽혀지는 특징이 있다.

체성감각somatosensory

피부뿐 아니라 근육, 뼈, 관절, 장기, 심혈관계 등 모든 신체에서 느끼는 접촉, 압력, 온도, 통각 등의 포괄적인 감각을 말한다.

촉각 디스플레이tactile display

피부에 인공적으로 생성한 물리적 자극을 제공하는 장치. 그 목적을 참조하여 '촉각 제공장치'라고도 부른다.

촉각 아이콘tactons

'Tacton'은 'Tactile Icon'의 줄임말로, 촉각 연구용으로 만들어낸 단어이며 '촉각 신호'라는 다소 함축적인 의미를 갖는다. 주로 진동촉감 신호의 다양한 특성을 정의하기 위해 사용되는 용어이다.

최소식별차JND(Just Noticeable Difference)

두 개의 자극이 있을 때 서로 다르다고 식별되기 시작하는 두 자극의 물리적 차이.

통각nociception

통각수용기를 통하여 통증을 느끼는 감각. 기계적, 전기적, 화학적 자극이나 열 등 피부를 손상할 수 있는 다양한 통증 자극을 감지하는 것을 일컫는다.

파이 현상 Phi phenomenon

피부 위에 구별이 되는 여러 개의 두드리는 자극을 각각 다른 위치에 순차적으로 가할 때, 각각의 자극을 별개의 것으로 느끼지 않고 하나의 자극이 피부 위를 이동하고 있다고 착각하는 현상.

파치니 소체 Pacinian corpuscles

여러 겹의 알 모양의 촉각수용기로, 진피층과 피하지방층의 깊은 곳에 분포한다.

표피epidermis

피부의 가장 바깥층. 세균의 침입을 막고 수분의 손실을 막아준다.

피부 능선papillary ridges

표피가 국부적으로 두꺼워진 것으로, 피부 위로 돌출되는 형태를 지닌다. 피부 능선은 손바닥이나 발바닥에서 손금과 지문 등에서 관찰된다.

햅틱 디스플레이haptic display

햅틱 디스플레이는 촉각을 재현하는 장치를 의미한다.

주

1장

1 McGlone, F., & Reilly, D. (2010). The cutaneous sensory system. *Neuroscience and Biobehavioral Reviews*, 34, 148-159.

2 Linden, D. J. (2015). *Touch: The Science of Hand, Heart, and Mind*. New York: Viking Press. 《터치: 손, 심장, 마음의 과학》(교보문고)

3 Napier, J. R. (1993). *Hands* (revised by R. H. Tuttle). Princeton, NJ: Princeton University Press.

4 Johnson, K. O. (2001). The roles and functions of cutaneous mechanoreceptors. *Current Opinions in Neurobiology*, 11, 455-461.

5 Gescheider, G. A., Wright, J. H., & Verrillo, R. T. (2009). *Information-Processing Channels in the Tactile Sensory System*. New York: Taylor & Francis.

6 McGlone, F., Olausson, H., Boyle, J. A., Jones-Gotman, M., Dancer, C., Guest, S., & Essick, G. (2012). Touching and feeling: Differences in pleasant touch processing between glabrous and hairy skin in humans. *European Journal of Neuroscience*, 35, 1782-1788.

7 Jones, L. A., & Smith, A. M. (2014). Tactile sensory system: Encoding from the periphery to the cortex. *WIREs System Biology and Medicine*, 6, 279-287.

2장

1 Proske, U., & Gandevia, S. C. (2012). The proprioceptive senses: Their roles in signaling body shape, body position and movement, and muscle force. *Physiological Reviews*, 92, 1651-1697.

2 Cole, J. (1995). *Pride and a Daily Marathon*. Cambridge, MA: MIT Press.

3 Cole, J. (2016). *Losing Touch: A Man Without His Body*. New York, NY: Oxford University Press.

4 Jones, L. A. (2003). Perceptual constancy and the perceived magnitude of muscle forces. *Experimental Brain Research*, 151, 197-203.

5 Buchthal, F., & Schmalbruch, H. (1980). Motor unit of mammalian muscle. *Physiological Reviews*, 60, 90-142.

6 Diamond, M. E., von Heimendahl, M., & Arabzadeh, E. (2008). Whiskermediated texture discrimination. *PLOS Biology*, 6, 1627-1630.
7 Gerhold, K. A., Pellegrino, M., Tsunozaki, M., Morita, T., Leitch, D. B., Tsuruda, P. R., Brem, R. B., Catania, K. C., & Bautista, D. M. (2013). The star-nosed mole reveals clues to the molecular nature of mammalian touch. *PLOS One*, *8*, e55001.
8 Catania, K. C. (2011). The sense of touch in the star-nosed mole: From mechanoreceptors to the brain. *Philosophical Transactions of the Royal Society of London B; Biological Sciences*, *366*, 3016-3025.
9 Stevens, J. C. (1991). Thermal sensibility. In M. Heller & W. Schiff (Eds.), *The Psychology of Touch* (pp. 61-90). Hillsdale, NJ: Erlbaum.
10 Vay, L., Gu, G., & McNaughton, P. A. (2012). The thermos-TRP ion channel family: Properties and therapeutic implications. *British Journal of Pharmacology*, 165, 787-801.
11 Filingeri, D., & Havenith, G. (2015). Human skin wetness perception: Psychophysical and neurophysiological bases. *Temperature*, 2, 86-104.
12 Napier, J. R. (1993). *Hands* (R. H. Tuttle에 의해 개정). Princeton, NJ: Princeton University Press.《손의 신비: 진화의 비밀을 움켜 쥔 손의 역사》(지호)
13 Foucher, G., & Chabaud, M. (1998). The bipolar lengthening technique: A modified partial toe transfer for thumb reconstruction. *Plastic and Reconstructive Surgery*, *102*, 1981-1987.
14 Jones, L. A., & Lederman, S. J. (2006). *Human Hand Function*. New York: Oxford University Press.

3장

1 Jones, L. A., & Lederman, S. J. (2006). *Human Hand Function*. New York: Oxford University Press.
2 Verrillo, R. T., Bolanowski, S. J., & McGlone, F. P. (1999). Subjective magnitude estimate of tactile roughness. *Somatosensory and Motor Research*, *16*, 352-360.
3 Brodie, E. E., & Ross, H. E. (1985). Jiggling a lifted weight does aid discrimination. *American Journal of Psychology*, *98*, 469-471.
4 Skedung, L., Arvidsson, M., Chung, J. Y., Stafford, C. M., Berglund, B., & Rutland, M. W. (2013). Feeling small: Exploring the tactile perception limits. *Scientific Reports*, *3*, 2617.
5 Gallace, A., & Spence, C. (2014). *In Touch with the Future*. New York: Oxford University Press.
6 Peters, R. M., Hackeman, E., & Goldreich, D. (2009). Diminutive digits discern

delicate details: Fingertip size and the sex difference in tactile spatial acuity. *Journal of Neuroscience*, *29*, 15756-15761.
7 Gescheider, G. A., Bolanowski, S. J., Pope, J., & Verrillo, R. T. (2002). A four-channel analysis of the tactile sensitivity of the fingertip: Frequency selectivity, spatial summation, and temporal summation. *Somatosensory & Motor Research*, *1*, 114-124.
8 Hollins, M., Faldowski, R., Rao, S., & Young, F. (1993). Perceptual dimensions of tactile surface texture: A multidimensional scaling analysis. *Perception & Psychophysics*, *54*, 697-705.
9 Jones, L., Hunter, I., & Lafontaine, S. (1997). Viscosity discrimination: A comparison of an adaptive two-alternative forced-choice and an adjustment procedure. *Perception*, *26*, 1571-1578.
10 Lederman S. J., & Klatzky, R. L. (1987). Hand movements: A window into haptic object recognition. *Cognitive Psychology*, *19*, 342-368.
11 Van Polanen, V., Bergmann Tiest, W. M., & Kappers, A. M. L. (2012). Haptic pop-out of moveable stimuli. *Attention, Perception, & Psychophysics*, *74*, 204-215.

4장

1 Lederman, S. J., & Jones, L. A. (2011). Tactile and haptic illusions. *IEEE Transactions on Haptics*, *4*, 273-294.
2 Heller, M. A., Brackett, D. D., Wilson, K., Yoneama, K., Boyer, A. I., & Steffen, H. (2002). The haptic Muller-Lyer illusion in sighted and blind people. *Perception*, *31*, 1263-1274.
3 Kappers, A. M. (1999). Large systematic deviations in the haptic perception of parallelity. *Perception*, *28*, 1001-1012.
4 Goldreich, D. (2007). A Bayesian perceptual model replicates the cutaneous rabbit and other spatiotemporal illusions. *PLOS One*, *2*, e333.
5 Geldard, F. A., & Sherrick, C. E. (1972). The cutaneous "rabbit": A perceptual illusion. *Science*, *178*, 178-179.
6 Botvinick, M., & Cohen, J. (1998). Rubber hands "feel" touch that eyes see. *Nature*, 391, 756.
7 Craske, B. (1977). Perception of impossible limb positions induced by tendon vibration. *Science*, *196*, 71-73.
8 Gandevia, S. C., & Phegan, C. M. L. (1999). Perceptual distortions of the human body image produced by local anesthesia, pain and cutaneous stimulation. *Journal of Physiology*, *514*, 609-616.
9 Robles-De-La-Torre, G., & Hayward, V. (2001). Force can overcome object

geometry in the perception of shape through active touch. *Nature*, *412*, 445-448.

10 Srinivasan, M. A., Beauregard, G. L., & Brock, D. L. (1996). The impact of visual information on the haptic perception of stiffness in virtual environments. *Proceedings of the ASME Dynamic Systems and Control Division*, *58*, 555-559.

11 Lécuyer, A. (2009). Simulating haptic feedback using vision: A survey of research and applications of pseudo-haptic feedback. *Presence*, *18*, 39-53.

5장

1 Jones, L. A., & Sarter, N. B. (2008). Tactile displays: Guidance for their design and application. *Human Factors*, *50*, 90-111.

2 Bach-y-Rita, P., Kaczmarek, K., Tyler, M., & Garcia-Lara, J. (1998). Form perception with a 49-point electrotactile stimulus array on the tongue. *Journal of Rehabilitation Research and Development*, 35, 427-430.

3 Inoue, S., Makino, Y., & Shinoda, H. (2015). Active touch perception produced by airborne ultrasonic haptic hologram. *IEEE World Haptics Conference*, 362-367.

4 Gleeson, B. T., Horschel, S. K., & Provancher, W. R. (2010). Design of a fingertip-mounted tactile display with tangential skin displacement feedback. *IEEE Transactions on Haptics*, *3*, 297-301.

5 Ho, C., Reed, N., & Spence, C. (2007). Multisensory in-car warning signals for collision avoidance. *Human Factors*, *49*, 1107-1114.

6 Rupert, A. H. (2000). An instrumentation solution for reducing spatial disorientation mishaps: A more "natural" approach to maintaining spatial orientation. *IEEE Engineering in Medicine and Biology Magazine*, March/April, 71-80.

7 Burdea, G. C. (1996). *Force and Touch Feedback for Virtual Reality*. New York: Wiley.

8 Brooks, F., Ouh-Young, M., Batter, J., & Jerome, A. (1990). Project GROPE: Haptic displays for scientific visualization. *Computer Graphics*, *24*, 177-185.

9 Immersion Corporation: https://immersion.com.

10 Sensable Technologies, acquired by Geomagic in 2012, acquired by 3D Systems in 2013: https://www.3dsystems.com.

11 Haption: https://haption.com.

12 Force Dimension: http://forcedimension.com.

13 Butterfly Haptics: http://butterflyhaptics.com.

14 Selzer, R. (1982). *Letters to a Young Doctor*. New York: Simon & Schuster.

6장

1 Reed, C. M., & Durlach, N. I. (1998). Note on information transfer rates in human communication. *Presence*, *7*, 509-518.
2 Bliss, J. C., Katcher, M. H., Rogers, C. H., & Shepard, R. P. (1970). Opticalto-tactile image conversion for the blind. *IEEE Transactions on Man-Machine Systems*, *11*, 58-65.
3 White, B. W., Saunders, F. A., Scadden, L., Bach-Y-Rita, P., & Collins, C. C. (1970). Seeing with the skin. *Perception & Psychophysics*, *7*, 23-27.
4 Nau, A., Bach, M., & Fisher, C. (2013). Clinical tests of ultra-low vision used to evaluate rudimentary visual perceptions enabled by the BrainPort vision device. *Translational Vision Science & Technology*, *2*, doi: 10.1167/tvst.2.3.1.
5 Reed, C. M., & Delhorne, L. A. (1995). Current results of a field study of adult users of tactile aids. *Seminars in Hearing*, *16*, 305-315.
6 Reed, C. M. (1995). Tadoma: An overview of research. In G. Plant & K.-E. Spens (Eds.), *Profound Deafness and Speech Communication* (pp. 40-55). London: Whurr Publishers.
7 Reed, C. M., Delhorne, L. A., Durlach, N. I., & Fischer, S. D. (1995). A study of the tactual reception of sign language. *Journal of Speech and Hearing Research*, *38*, 477-489.
8 Wall, C. III, Weinberg, M. S., Schmidt, P. B., & Krebs, D. E. (2001). Balance prosthesis based on micromechanical sensors using vibrotactile feedback of tilt. *IEEE Transactions on Biomedical Engineering*, *48*, 1153-1161.
9 Geldard, F. A. (1957). Adventures in tactile literacy. *American Psychologist*, *12*, 115-124.
10 Jones, L. A., & Sarter, N. B. (2008). Tactile displays: Guidance for their design and application. *Human Factors*, *50*, 90-111.

7장

1 Wiertlewski, M., Friesen, R. F., and Colgate, J. E. (2016). Partial squeeze film levitation modulates fingertip friction. *Proceedings of the National Academy of Sciences*, *113*, 9210-9215.
2 Mallinckrodt, E., Hughes, A., & Sleator, W. (1953). Perception by the skin of electrically induced vibrations. *Science*, *118*, 277-278.
3 Giraud, F., Amberg, M. & Lemaire-Semail, B. (2013). Merging two tactile stimulation principles: Electrovibration and squeeze film effect. *Proceedings of the World Haptics Conference*, 199-203.
4 Bau, O., Poupyrev, I., Israr, A., & Harrison, C. (2010). TeslaTouch: Electrovibration for touch surfaces. *Proceedings of the 23rd Annual ACM*

Symposium on User Interface Software and Technology, 283-292.

5 Vezzoli, E., Messaoud, W. B., Amberg, M., Giraud, F., Lemaire-Semail, B., & Bueno, M.-A. (2015). Physical and perceptual independence of ultrasonic vibration and electrovibration for friction modulation. *IEEE Transactions on Haptics*, *8*, 235-239.

6 Mullenbach, J., Shultz, C., Colgate, J. E., & Piper, A. M. (2014). Exploring affective communication through variable-friction surface haptics. *Proceedings of the ACM SIGCHI Conference on Human Factors in Computing Systems*, 3963-3972.

8장

1 Balasubramanian, R., & Santos, V. J. (Eds). (2014). *The Human Hand as an Inspiration for Robot Hand Development*. New York: Springer.

2 Wood Jones, F. (1944). *The Principles of Anatomy as Seen in the Hand* (2nd ed.). London: Bailliere, Tindall.

3 Jones, L. A. (1997). Dextrous hands: Human, prosthetic, and robotic. *Presence*, *6*, 29-56.

4 Billock, J. N. (1986). Upper limb prosthetic terminal devices: Hands versus hooks. *Clinical Prosthetics and Orthotics*, *10*, 57-65.

5 Tyler, D. J. (2016). Restoring the human touch. *IEEE Spectrum*, May, 28-33.

6 Zhao, H., O'Brien, K., Li, S., & Shepherd, R. F. (2016). Optoelectronically innervated soft prosthetic hand via stretchable optical waveguides. *Science Robotics*, *1*, eaai7529.

7 Barrett Technology, Inc.: http://www.barrett.com.

8 Da Vinci Surgical System: http://www.davincisurgery.com/da-vinci-surgery/da-vinci-surgical-system.

9 Laschi, C., Mazzolai, B., & Cianchetti, M. (2016). Soft robotics: Technologies and systems pushing the boundaries of robot abilities. *Science Robotics*, *1*, eaah3690.

10 Cutkosky, M., Howe, R. D., & Provancher, W. R. (2008). Force and tactile sensors. In B. Siciliano & O. Khatib.

○

더 읽을거리

Cole, J. (2016). *Losing Touch: A Man Without his Body*. New York, NY: Oxford University Press.

Gallace, A., & Spence, C. (2014). *In Touch with the Future*. New York, NY: Oxford University Press.

Gescheider, G. A., Wright, J. H., & Verrillo, R. T. (2009). *Information-Processing Channels in the Tactile Sensory System*. New York, NY: Taylor & Francis.

Grunwald, M. (2008). *Human Haptic Perception: Basics and Applications. Basel*, Switzerland: Birkhauser.

Jones, L. A., & Lederman, S. J. (2006). *Human Hand Function*. New York, NY: Oxford University Press.

Linden, D. J. (2015). *Touch: The Science of Hand, Heart, and Mind*. New York, NY: Viking Press. 《터치: 손, 심장, 마음의 과학》(교보문고, 2018)

Napier, J. R. (1993). *Hands. Revised by R. H. Tuttle*. Princeton, NJ: Princeton University Press. 《손의 신비: 진화의 비밀을 움켜 쥔 손의 역사》(지호, 1999)

Prescott, T. J., Ahissar, E., & Izhikevich, E. (2016). *Scholarpedia of Touch*. Amsterdam, the Netherlands: Atlantis Press.

○

찾아보기